高职高专"十四五"规划教材

冶金工业出版社

电力电子技术
项目式教程

张诗淋　杨　悦　李　鹤　赵新亚　编著

扫一扫查看
本书数字资源

扫一扫查看
电力电子技术课程简介

北　京
冶　金　工　业　出　版　社
2021

内 容 简 介

本书依照高等职业教育电气自动化技术专业群的培养目标和电工职业技能的要求,以调光灯、直流调速装置、电风扇无级调速器、开关电源、中频感应加热电源和变频器这六个电力电子技术应用最广泛的实际案例为载体,设计了六大模块,采用了"模块—任务"式编写模式,设置了"模块引入""学习目标""工作任务""知识拓展""实践提高"和"巩固与提高",符合高等职业教育的教学特点和学生的认知特点。

本书数字资源丰富,配有微课视频,以二维码的形式嵌入书中,读者可通过手机等移动终端扫描书中二维码观看学习,从而加深对知识及操作的认识和理解,达到课前预习、课后复习的效果。本书还配套教学使用的教学课件、习题参考答案等。

本书可作为高职高专院校电气自动化技术等机电类专业的教材,也可作为从事电力电子技术专业的工程技术人员的参考书和培训教材。

图书在版编目(CIP)数据

电力电子技术项目式教程/张诗淋等编著. —北京:
冶金工业出版社,2021.9
高职高专"十四五"规划教材
ISBN 978-7-5024-8891-8

Ⅰ.①电… Ⅱ.①张… Ⅲ.①电力电子技术—高等职业教育—教材 Ⅳ.①TM76

中国版本图书馆 CIP 数据核字(2021)第 164383 号

出 版 人　苏长永
地　　址　北京市东城区嵩祝院北巷 39 号　邮编　100009　电话　(010)64027926
网　　址　www.cnmip.com.cn　电子信箱　yjcbs@cnmip.com.cn
责任编辑　王　颖　美术编辑　彭子赫　版式设计　郑小利
责任校对　石　静　责任印制　李玉山
ISBN 978-7-5024-8891-8
冶金工业出版社出版发行;各地新华书店经销;三河市双峰印刷装订有限公司印刷
2021 年 9 月第 1 版,2021 年 9 月第 1 次印刷
787mm×1092mm　1/16;13.5 印张;323 千字;203 页
49.90 元

冶金工业出版社　投稿电话　(010)64027932　投稿信箱　tougao@cnmip.com.cn
冶金工业出版社营销中心　电话　(010)64044283　传真　(010)64027893
冶金工业出版社天猫旗舰店　yjgycbs.tmall.com
(本书如有印装质量问题,本社营销中心负责退换)

前　言

　　"电力电子技术"课程是高等职业教育电气自动化技术专业群的一门重要专业基础课，该课程的工程实践性强，可使学生理解并掌握电力电子技术领域的基础知识，具备电力电子装置的设计、安装和调试的综合应用能力，并提高学生分析、解决实际问题的能力，从而培养高素质复合型技能人才。

　　本书按照教育部等部门推行的《职业教育提质培优行动计划（2020－2023）》工作中提出的校企"双元"合作开发职业教育规划教材的要求，组织米其林沈阳轮胎有限公司和沈阳劳达工程技术有限公司合作开发，发挥校企两种资源优势，充分利用企业丰富的实践经验，组成校企合作团队，对接主流生产技术，吸收行业发展的新知识、新技术、新工艺、新方法。以维修电工岗位、电气设备维修岗位的职业能力为依据，以调光灯、直流调速装置、电风扇无级调速器、开关电源、中频感应加热电源和变频器这六个电力电子技术应用的企业实际案例为载体，设计了六大模块。采用了"模块—任务"式编写模式，设置了"模块引入""学习目标""工作任务""知识拓展""实践提高"和"巩固与提高"，符合高等职业教育的教学特点和学生的认知特点。

　　本书内容由浅入深，强调知识的渐进性，兼顾知识的系统性、实用性和创新性，贴近生产实际，注重培养学生的实践能力。编写过程中始终贯彻"以应用为目的，以实用为主，理论够用为度"的教学原则，重点培养学生的实际技能。本书配有微课视频，读者可扫描书中二维码观看学习。

　　本书可作为高职高专院校电气自动化技术等机电类专业的教材，也可作为从事电力电子技术专业的工程技术人员的参考用书和培训教材。建议课时分配如下表所示。

序号	内　容	分配学时
0	绪论	2
1	模块 1　晶闸管调光灯电路的认识和调试	12
2	模块 2　直流调速装置的认识和调试	10
3	模块 3　电风扇无级调速器的认识和调试	8
4	模块 4　开关电源的分析和维护	8
5	模块 5　中频感应加热电源的安装和维护	12
6	模块 6　变频器的使用和维护	4
合计		56

　　本书由沈阳职业技术学院张诗淋、杨悦、李鹤、赵新亚共同编著。其中绪论、模块 1、模块 2 和模块 3 由张诗淋编写，模块 4 由杨悦编写，模块 5 和实践提高部分由李鹤编写，模块 6 由赵新亚编写。米其林沈阳轮胎有限公司的张俊峰工程师和沈阳劳达工程技术有限公司的宋学明工程师提供了大量企业实际应用案例，并对本书提出宝贵的修改意见，在此深表感谢。全书由张诗淋统稿。

　　本书在编写过程中，参阅了许多专家学者的文献资料，在此一并致谢。

　　由于编者水平所限，书中疏漏与不妥之处，恳请广大读者批评指正。

编　者
2021 年 4 月

目　录

绪　　论

扫一扫查看绪论

0.1　电力电子技术的概念

1. 什么是电力电子技术

电子技术包含信息电子技术（模拟电子技术和数字电子技术）和电力电子技术两大分支，如图 0-1 所示。电力电子技术和以处理信息技术为主的信息电子技术不同，它主要用于电力变换，它是大功率的电子技术，大多是为应用强电的工业服务。电力电子技术就是利用电力电子器件对电能进行变换和控制的技术，即应用在电力领域的电子技术。目前电力电子器件均采用半导体制成，故也称电力半导体器件。电力电子技术所变换的"电力"功率可以大到数百兆瓦甚至吉瓦（1GW = 1000MW），也可以小到数瓦。

图 0-1　电子技术的分类

2. 电力电子技术的两大分支

电力电子技术的两大分支包含电力电子器件制造技术和电力电子器件应用技术（变流技术）。电力电子器件制造技术是电力电子技术的基础，理论基础是半导体物理。电力电子器件应用技术（变流技术）是电力电子技术的核心，理论基础是电路理论，是用电力电子器件构成电力电子电路和对其进行控制的技术，以及构成电力电子装置的技术。我们主要研究的是电力电子器件应用技术（变流技术），内容包含电力电子器件、电力电子电路和电力电子装置。

3. 与相关学科的关系

电力电子技术是一门建立在电子学、电力学和控制学三大学科基础上的新兴学科，如图 0-2 所示，是三个学科交叉形成的。它运用弱电（电子技术）控制强电（电力技术），是强电和弱电相结合的学科。电力电子技术是目前最活跃、发展最快的学科之一，随着科学技术的发展，电力电子技术又与现代控制理论、材料科学、

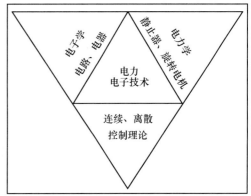

图 0-2　电力电子技术与相关学科关系

电机工程、微电子技术等许多领域密切相关，已经逐步发展成为一门多学科互相渗透的综合性技术学科。

0.2　电力电子技术的发展

1904 年发明的电子管是能在真空中对电子流进行控制，应用于通信和无线电领域的一种器件，从而开启了电子技术用于电力领域的先河。20 世纪 30 年代到 50 年代发明的水银整流器广泛应用于电化学工业等领域。1947 年美国贝尔实验室研究发明了晶体管，引发了电子技术的一场革命。

电力电子器件的发展推动了电力电子技术的发展。一般认为，电力电子技术的诞生以 1957 年美国通用电气公司研制出的第一只晶闸管为标志。晶闸管（SCR）是一种半控型器件，通过门极只能控制它的导通而不能控制它的关断，它的关断经常使用电网电压等外部条件来实现，这使它的应用受到了限制。20 世纪 70 年代后期出现了全控型的电力电子器件：门极可关断晶闸管（GTO）、大功率晶体管（GTR）和功率场效应晶体管（P-MOS-FET）。这些器件的特点是可以通过门极、基极和栅极直接控制器件的通断。20 世纪 80 年代后期，以绝缘栅双极性晶体管（IGBT）为代表的复合型器件异军突起，它是功率场效应晶体管（P-MOSFET）和大功率晶体管（GTR）的结合，综合了两者的优点，这些集高频、高压和大电流于一体的功率半导体复合器件，表明传统的电力电子技术已经进入现代电力电子时代。

电力电子器件的发展历程示意图如图 0-3 所示。

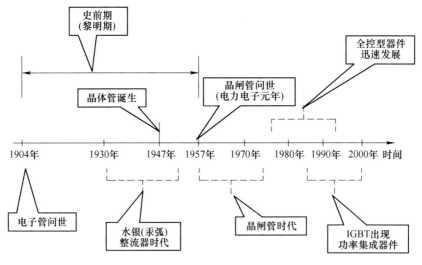

图 0-3　电力电子器件的发展历程示意图

0.3　电力电子技术的主要功能

通常所用的电能分为交流（AC）和直流（DC）两种，从公用电网上直接得到的是交流的，从蓄电池和干电池上得到的是直流的，这些电能往往不能满足负载的要求，需要进行电力变换。电力变换就是使交流（AC）和直流（DC）电能互相转换。电力变换的分类如图 0-4 所示。

1. 整流（AC/DC）

把交流电变换成电压固定或可调的直流电。由二极管可组成不可控整流电路，输出直流电压大小不可调；由晶闸管或其他全控型器件可组成可控整流电路。

2. 直流斩波（DC/DC）

把固定电压的直流电变换成固定或可调电压的直流电。

3. 逆变（DC/AC）

把直流电变换成频率固定或可调的交流电。

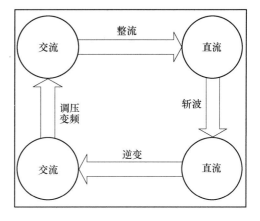

图 0-4　电力变换的分类

4. 交流变换（AC/AC）

可分为交流调压电路和变频电路。交流调压是在维持电能频率不变的情况下改变输出电压幅值。把频率固定或变化的交流电变换成频率可调的交流电称为变频。

上述功能电力变换统称为变流，因此电力电子技术也称为变流技术。变流技术是将电网的交流电，即所谓的"粗电"，通过电力电子电路进行处理变换，精炼到使电能在稳定、波形、频率、数值、抗干扰性能等方面符合各种用电设备需要的"精电"过程。

0.4　电力电子技术的应用

电力电子技术的应用领域相当广泛，包括从庞大的发电厂设备到小巧的家用电器等几乎所有的电气工程领域。容量可达几瓦到 1GW（1GW＝1000MW）不等，工作频率也可由几赫兹到 100MHz。

1. 一般工业

工业中大量应用各种交直流电动机。为其供电的可控整流电源或直流斩波电源都是电力电子装置。直流电动机有良好的调速性能。近年来，由于电力电子变频技术的迅速发展，使得交流电动机的调速性能可与直流电动机相媲美，交流调速技术大量应用并占据主导地位。大至数千千瓦的各种轧钢机，小到几百瓦的数控机床的伺服电动机都广泛采用电力电子交直流调速技术。一些对调速性能要求不高的大型鼓风机等近年来也采用了变频装置，以达到节能的目的。还有一些不调速的电动机为了避免启动时的电流冲击而采用了软启动装置，这种软启动装置也是电力电子装置。

电化学工业大量使用直流电源，电解铝、电解食盐水等需要大容量整流电源。电镀装置也需要整流电源。

电力电子技术还大量用于冶金工业中的高频或中频感应加热电源、淬火电源等场合。

2. 交通运输

（1）电动汽车。

电动汽车的电机靠电力电子装置进行电力变换和驱动控制，其蓄电池的充电也离不开电力电子装置。一台高级汽车中需要许多控制电机，它们也要靠变频器和斩波器驱动并控制。

（2）电气化铁道。

电气化铁道中广泛采用电力电子技术。电力机车中的直流机车中采用整流装置，交流机车采用变频装置。直流斩波器也广泛应用于铁道车辆。在磁悬浮列车中，电力电子技术也是一项关键技术。除牵引电动机车传动外，车辆中的各种辅助电源也都离不开电力电子技术。

飞机、船舶需要很多不同要求的电源，因此航空和航海都离不开电力电子技术。如果把电梯也算交通工具，那么它也需要电力电子技术。以前的电梯大多采用直流调速系统，而近年来交流调速已经成为主流。

3. 电力控制与电能传输

作为供电系统调节负载的方法，水力发电厂广泛采用变速抽水蓄能发电进行功率调节，在夜里利用多余的能量驱动涡轮（泵），将水储备到处于较高位置的水库中，在白天重载时，利用储存的水力发电。

高压直流输电（HVDC），发电机发出的交流电能经过变压器变换后，再整流为直流电能，跨过几百、几千公里后，再经过逆变器变换为工频交流电能，供终端用户使用。近年发展起来的柔性交流输电也是依靠电力电子装置才得以实现的，柔性交流输电系统其作用是对发电-输电系统的电压和相位进行控制。其技术实质类似于弹性补偿技术。

晶闸管控制电抗器（TCR）、晶闸管投切电容器（TSC）、静止无功发生器（SVG）和有源电力滤波器（APF）等电力电子装置大量用于电力系统的无功补偿或谐波抑制。

静止无功发生器（SVG）是用以晶闸管为基本元件的固态开关替代了电气开关，实现快速、频繁地以控制电抗器和电容器的方式改变输电系统的导纳。

4. 电子装置用电源

各种电子装置一般都需要不同电压等级的直流电源供电。通信设备中的程控交换机所用的直流电源以前用晶闸管整流电源，现在已改为采用全控型器件的高频开关电源。大型计算机所需的工作电源、微型计算机内部的电源也都采用高频开关电源。在大型计算机等场合，常常需要不间断电源（UPS）供电，它实际就是典型的电力电子装置。

5. 家用电器

电力电子照明电源体积小、发光效率高、可节省大量能源，正逐步取代传统的白炽灯和日光灯。空调、电视机、音响设备、家用计算机、洗衣机、电冰箱和微波炉等电器也应用了电力电子技术。

以前电力电子技术的应用偏重于中、大功率。现在 1kW 以下，甚至几十瓦以下的功率范围内，电力电子技术的应用也越来越广，其地位也越来越重要。

模块 1 晶闸管调光灯电路的认识和调试

模块引入

    家用调光灯是一种最简单的电力电子装置，调光灯由哪些元器件构成？灯光的控制是如何实现的呢？

    图 1-1 是常见的家用调光灯，旋动调光灯的旋钮可以调节灯泡的亮度。图 1-2 是调光灯电路原理图，采用的是晶闸管相控调光法。调光灯是通过改变流过灯泡的电流，来实现调光的。晶闸管相控调光法是通过控制晶闸管的导通角，改变输出电压的大小，从而实现调光。由于这种方法具有体积小、价格合理和调光功率控制范围宽等优点，是目前使用最为广泛的调光方法。

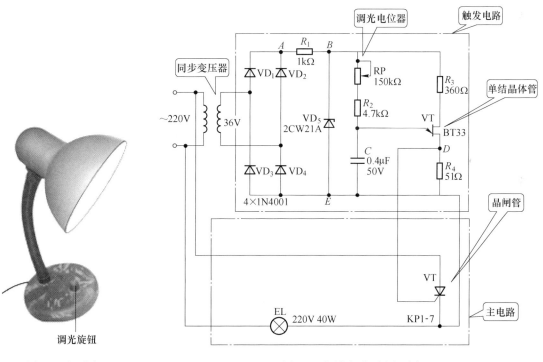

图 1-1 调光灯   图 1-2 调光灯电路原理图

学习目标

    （1）了解电力电子器件的概念、特征和分类。

    （2）认识电力二极管的外形，了解其工作原理和使用方法。

（3）认识晶闸管的外形，掌握其工作原理。

（4）掌握晶闸管的导通条件、主要参数和使用方法。

（5）会用万用表判断晶闸管的好坏。

（6）认识单结晶体管的外形，了解其工作原理和使用方法。

（7）掌握单结晶体管触发电路的工作原理。

（8）掌握单相半波整流电路的工作原理和优缺点。

（9）会对单相半波整流电路进行参数计算和元器件的选择。

（10）会连接和调试单相半波整流电路。

任务 1.1 电力电子技术器件概述

扫一扫查看
电力电子技术器件概述

电子器件作为电子技术的基础包括晶体管和集成电路，电力电子器件是电力电子技术的基础，本次任务我们通过学习电力电子器件的概念、特点和分类，为后续学习电力电子器件的工作原理、基本特性、主要参数以及选择和使用中应注意的问题奠定了基础。

1.1.1 电力电子器件的概念

电力电子电路中能实现电能转换或控制的开关器件称为电力电子器件，可直接用于主电路中，实现电能的变换或控制。主电路指电气设备或电力系统中，直接承担电能的变换或控制任务的电路。

在对电能的变换和控制过程中，电力电子器件可以抽象成图 1-3 所示的理想开关模型，它有三个电极，其中 A 和 B 代表开关的两个主电极，K 是控制开关通断的控制极。它只有"通态"和"断态"两种工作情况，在通态时其电阻为零，在断态时其电阻为无穷大。

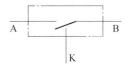

图 1-3 电力电子器件
的理想开关模型

1.1.2 电力电子器件的特征

同处理信息的电子器件相比：电力电子器件处理电功率的能力一般远远大于处理信息的电子器件；电力电子器件一般都工作在开关状态；电力电子器件往往需要由信息电子电路来控制；电力电子器件自身的功率损耗远大于信息电子器件，一般都要安装散热器。

在工作中，电力电子器件自身的功率损耗包括通态损耗、断态损耗、开关损耗（开通损耗和关断损耗）。通态损耗是器件功率损耗的主要成因，当开关频率较高时，开关损耗可能成为器件功率损耗的主要因素。为保证不致因损耗散发的热量导致器件温度过高而损坏，在其工作时一般都要安装散热器。

1.1.3 应用电力电子器件的系统组成

电力电子系统主要由控制电路、驱动电路、保护电路、检测电路和以电力电子器件为核心的主电路组成，如图 1-4 所示。

在主电路和控制电路中会附加一些电路，以保证电力电子器件和整个系统正常可靠运

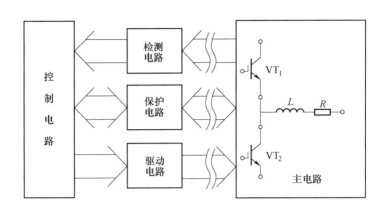

图 1-4 电力电子器件在实际应用中的系统组成

行，控制电路是进行相应的控制处理。

1.1.4 电力电子器件的分类

1. 按器件的开关控制程度分

（1）不可控器件。不可控器件本身没有导通、关断控制功能，因此也就不需要驱动电路。如电力二极管。

（2）半控型器件。通过控制信号只能控制其导通，不能控制其关断的电力电子器件称为半控型器件。如晶闸管及其大部分派生器件等。

（3）全控型器件。通过控制信号既可控制其导通又可控制其关断的器件，称为全控型器件或自关断器件。如可关断晶闸管（GTO）、门极可关断晶闸管（IGBT）、功率场效应晶体管（MOSFET）和绝缘栅双极型晶体管（IGBT）等。

2. 按驱动电路信号的性质分

（1）电流控制型器件。通过从控制端注入或抽出电流实现导通或关断的控制，即采用电流信号来实现导通或关断控制的电力电子器件称为电流控制型器件，如晶闸管、GTO、GTR 等。

（2）电压控制型器件。仅通过在控制端和公共端之间增加一定的电压信号就可以实现导通或关断的控制，即采用电压控制其通、断的电力电子器件称为电压控制型器件。其输入控制端基本不流过控制电流信号，用小功率信号就可驱动其工作，如 MOSFET 和 IGBT 等。

任务 1.2 电力二极管

扫一扫查看
电力二极管

电力二极管（Power Diode）又称功率二极管，由于不能通过信号控制其导通和关断，属于不可控电力电子器件。它不同于普通的二极管，能承受高电压、大电流。它是 20 世纪最早获得广泛应用的电力电子器件，其结构和原理简单，工作可靠，直到现在仍然大量应用于高电压、大功率及不需要调压的整流场合。图 1-2 中，$VD_1 \sim VD_4$ 组成的电路就是单相桥式不可控整流电路。

1.2.1 电力二极管的结构

电力二极管是以 PN 结为基础的，实际上就是由一个结面积较大的 PN 结和两端引线封装而成的。电力二极管的内部结构和图形符号如图 1-5 所示。电力二极管引出的两个极，分别是阳极 A 和阴极 K。它的外形主要有螺栓型、平板型和塑封型三种，现在也有做成模块型结构，如图 1-6 所示。当管子工作在大电流情况时，PN 结有一定的正向电阻，因此管子会因损耗而发热，必须安装散热器。一般 200A 以下的电力二极管采用螺栓型，200A 以上的则采用平板型。

(a)   (b)

图 1-5 电力二极管的结构和图形符号

（a）结构；（b）符号

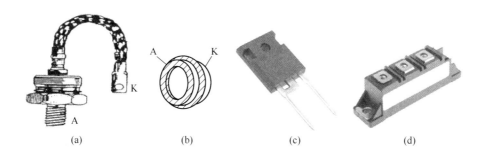

(a)   (b)   (c)   (d)

图 1-6 电力二极管的外形

（a）螺栓型；（b）平板型；（c）塑封型；（d）模块型

1.2.2 电力二极管的工作原理

电力二极管和普通二极管工作原理一样，具有单向导电性。即当给它施加正向电压时，PN 结导通，正向管压降很小，维持在 1V 左右；当给它施加反向电压时，PN 结截止，只有极小的可忽略的漏电流流过二极管。

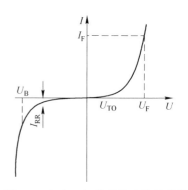

图 1-7 电力二极管的伏安特性曲线

经实验测量可得电力二极管的伏安特性曲线，如图 1-7 所示。当外加电压大于二极管的门槛电压 U_{TO} 时，正向电流开始迅速增加，二极管即开始导通。正向导通时其管压降仅为 1V 左右，且不随电流的大小而变化。当电力二极管承受反向电压时，只有很小的反向漏电流 I_{RR} 流过，器件处于反向截止状态。但当反向电压增大到击穿电压 U_B 时，PN 结内产生雪崩击穿，反向电流急剧增大，这将导致二极管发生击穿损坏。

1.2.3　电力二极管的主要参数

1. 正向平均电流（额定电流）$I_{F(AV)}$

正向平均电流（额定电流）是指在规定的管壳温度和散热条件下，允许通过的最大工频正弦半波电流的平均值。元件标称的额定电流就是这个电流。

实际应用中，功率二极管所流过的最大有效电流为 I_M，则其额定电流一般选择为

$$I_{F(AV)} = (1.5 \sim 2)\frac{I_M}{1.57}$$

式中的系数 1.5~2 是安全余量。

2. 正向通态压降 U_F

正向通态压降是指在规定温度下，流过某一稳定正向电流时所对应的正向压降，简称管压降。

3. 反向重复峰值电压 U_{RRM}

反向重复峰值电压是指器件能重复施加的反向最高电压，通常是其雪崩击穿电压 U_B 的 2/3。一般在选用电力二极管时，以其在电路中可能承受的最大反向电压瞬时值 U_{DM} 的 2~3 倍来选择电力二极管的定额。

$$U_{RRM} = (2\sim3)U_{DM}$$

式中的系数 2~3 是安全余量。

4. 反向恢复时间 t_{rr}

反向恢复时间是指电力二极管从正向电流降至零起到恢复反向阻断能力为止的时间。

5. 最高允许结温 T_{JM}

最高允许结温是在 PN 结不损坏的前提下所能承受的最高温度，通常在 125~175℃。

在选择管子时这些参数都要谨慎考虑，部分型号电力二极管的主要参数见表 1-1。

表 1-1　部分型号电力二极管的主要参数

型　号	额定电流 $I_{F(AV)}/A$	额定电压 U_{RRM}/V	正向压降 U_F/V	反向恢复时间 t_{rr}
ZK3~2000	3~2000	100~4000	0.4~1	<10μs
10DF4	1	400	1.2	<100ns
31DF2	3	200	0.98	<35ns
30BF80	3	800	1.7	<100ns
50WF40F	5.5	400	1.1	<40ns
10CTF30	10	300	1.25	<45ns
25JPF40	25	400	1.25	<60ns
MR876 快恢复二极管	50	600	1.4	<400ns
MUR10020CT 超快恢复二极管	50	200	1.1	<50ns
MBR30045CT 肖特基二极管	150	45	0.78	≈0

1.2.4　电力二极管的主要类型

电力二极管的应用范围很广，种类也很多，常见的主要有以下几种类型。

1. 整流二极管

整流二极管多用于开关频率不高的场合，一般工作在开关频率在 1kHz 以下的整流电路中。整流二极管的特点是电流定额和电压定额可以达到很高，一般为数千安和数千伏，但反向恢复时间较长，在 5μs 以上。

2. 快速恢复二极管

快速恢复二极管反向恢复时间短，一般在 5μs 以内。从性能上可分为快速恢复和超快速恢复两个级别，前者反向恢复时间为数百纳秒或更长，后者则在 100ns 以下，甚至达到 20~30ns。快速恢复二极管容量可达 1200V/200A 的水平，多用于高频整流和逆变电路中。

3. 肖特基二极管

肖特基二极管是以金属和半导体接触形成的势垒为基础的二极管，其反向恢复时间更短，一般为 10~40ns，其导通压降为 0.5V 左右，其开关损耗和正向导通损耗都比快速恢复二极管还要小，效率高，但反向耐压在 200V 以下。它常被用于高频低压开关电路或高频低压整流电路中。

任务 1.3　晶　闸　管

晶闸管（SCR）是晶体闸流管的简称。晶闸管是在晶体管的基础上发展起来的一种大功率半导体器件，它的出现使半导体器件由弱电领域扩展到强电领域。它的发展历程：1956 年美国贝尔实验室发明了晶闸管；1957 年美国通用电气公司开发出第一支晶闸管产品；1958 年进行商业化推广，开辟了电力电子技术迅速发展和广泛应用的崭新时代；20 世纪 80 年代以来，开始被全控型电力电子器件取代。

扫一扫查看晶闸管

晶闸管电流容量大，耐压高（目前生产水平为 4500A/8000V），已经被广泛应用于可控整流、交流调压、无触点电子开关、逆变及变频等电路中，成为特大功率低频（200Hz以下）装置中的主要器件。由于其能承受的电压和电流容量仍然是目前电力电子器件中最高的，而且工作可靠，因此在大容量的应用场合仍然具有比较重要的地位。晶闸管也有许多派生器件，如快速晶闸管（FST）、双向晶闸管（TRIAC）、逆导晶闸管（RCT）、光控晶闸管（LTT）等。

1.3.1　晶闸管的结构和符号

1. 外部结构

晶闸管的外形如图 1-8 所示，主要分为塑封式、贴片式、螺栓式和平板式。

（1）塑封式和贴片式晶闸管：如图 1-8（a）和（f）所示，小电流 TO-220AB 型塑封式和贴片式晶闸管面对印字面、引脚朝下，则从左向右的排列顺序依次为阴极 K、阳极 A 和门极 G。如图 1-8（b）所示，小电流 TO-92 型塑封式晶闸管面对印字面、引脚朝下，则从左向右的排列顺序依次为阴极 K、门极 G 和阳极 A。这种晶闸管由于散热条件有限，功率比较小，额定电流通常在 20A 以下。

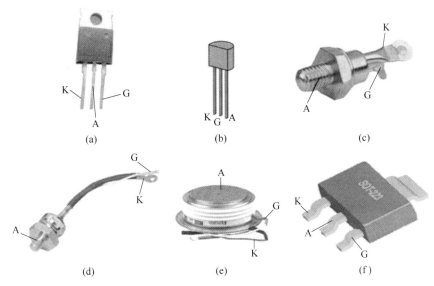

图 1-8   晶闸管的外形

（a）小电流 TO-220AB 型塑封式；（b）小电流 TO-92 型塑封式；（c）小电流螺栓式；

（d）大电流螺栓式；（e）大电流平板式；（f）贴片式

（2）螺栓式晶闸管：如图 1-8（c）所示，小电流螺栓式晶闸管的螺栓为阳极 A，门极 G 比阴极 K 细。如图 1-8（d）所示，大功率螺栓式晶闸管来说，螺栓是晶闸管的阳极 A（它与散热器紧密连接），门极和阴极则用金属编制套引出，像一根辫子，粗辫子线是阴极 K，细辫子线是门极 G。

如图 1-9（a）所示，螺栓式晶闸管是靠阳极（螺栓）拧紧在铝制散热器上，可自然冷却，这种晶闸管很容易与散热器连接，器件维修更换也非常方便，但散热效果一般，功率不是很大，额定电流通常在 200A 以下。

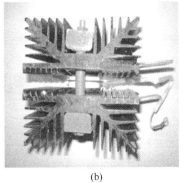

图 1-9   晶闸管的散热器

（a）自冷式；（b）风冷式；（c）水冷式

（3）平板式晶闸管：如图 1-8（e）所示，平板式晶闸管中间金属环是门极 G，用一根导线引出，靠近门极的平面是阴极 K，另一面则为阳极 A。

如图 1-9（b）和（c）所示，平板式晶闸管由两个相互绝缘的散热器夹紧在中间，靠风冷和水冷，这种晶闸管由于整体被散热器包裹，所以散热效果非常好，功率大。额定电流 200A 以上的晶闸管外形采用平板式结构，但平板式晶闸管的散热器拆装非常麻烦，器件维修更换不方便。

随着大规模集成电路技术的迅速发展，将集成电路制造工艺的精细加工技术和高压大电流技术有机结合，出现了一种全新的晶闸管器件，即晶闸管模块。晶闸管模块是根据不同的用途，将多个晶闸管或二极管整合在一起，构成一个模块，集成在同一硅片上，这样大大提高了器件的集成度。据统计，目前 300A 以下的整流管、晶闸管大都以模块形式出现，如图 1-10 所示。晶闸管模块与同容量分立器件相比具有体积小、质量轻、结构紧凑、接线方便、整体价格低、可靠性高等优点，在实际中应用广泛。

图 1-10　晶闸管模块

2. 内部结构和符号

晶闸管的内部结构和图形符号如图 1-11 所示，由 4 层半导体 P_1、N_1、P_2、N_2 构成，形成 J_1、J_2、J_3 三个 PN 结。由 P_1 层半导体引出阳极 A，由 N_2 层半导体引出阴极 K，由 P_2 层半导体引出门极（控制极）G。

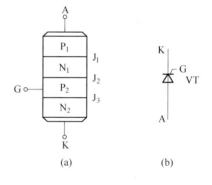

(a)　　　　　　　(b)

图 1-11　晶闸管的结构和图形符号
(a) 结构；(b) 符号

1.3.2　晶闸管的导通与关断工作原理

1. 晶闸管的加电方式

晶闸管共有三个电极，分别是阳极 A、阴极 K 和门极（控制极）G。如图 1-12 所示，把加在晶闸管阳极和阴极之间的电压称为阳极电压，用 E_A 表示，有正向阳极电压和反向阳极电压两种情况。正向阳极电压也称为阳极正偏电压，反向阳极电压也称为阳极反偏电压。把加在晶闸管门极和阴极之间的电压称门极电压，用 E_G 表示，有正向门极电压和反向门极电压两种情况。加正向门极电压后晶闸管的状态称为门极正偏，加反向门极电压后晶闸管的状态称为门极反偏。

2. 实验原理

晶闸管的导通与关断条件是什么？下面通过晶闸管导通与关断实验进行研究，实验原理图如图 1-13 所示。

阳极电源通常用 E_A 表示（取 12V），连接负载（白炽灯）接到晶闸管的阳极 A 与阴极 K，组成晶闸管的主电路。流过晶闸管阳极的电流称阳极电流 I_A。门极电源通常用 E_G 表示（取 5V），连接晶闸管的门极 G 与阴极 K，组成控制电路，也称触发电路。流过门极的电流称门极电流 I_G，电位器起了限流作用，以防止晶闸管导通时流过的电流过大。用灯泡来观察晶闸管的通断情况。晶闸管导通时灯泡发亮，晶闸管不导通时灯泡不亮。

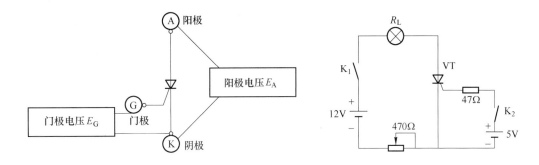

图 1-12　晶闸管的加电方式　　　　　　　图 1-13　实验原理电路

由于阳极电压可分为加正向阳极电压和反向阳极电压两种情况，门极电压可分为加正向门极电压、反向门极电压和不加门极电压三种情况，使得晶闸管导通实验测试有 6 种情况，测试时给晶闸管串联一个灯泡，通过观察实验前后灯泡的亮灭来判断晶闸管的导通情况，通过实验，最后得出结果见表 1-2。

表 1-2　晶闸管导通实验现象和结论

实 验 顺 序		实验前灯的情况	实验时加在晶闸管的电压		实验后灯的情况
			阳极电压	门极电压	
导通实验	1	暗	反向	不加	不亮
	2	暗	反向	反向	不亮
	3	暗	反向	正向	不亮
	4	暗	正向	不加	不亮
	5	暗	正向	反向	不亮
	6	暗	正向	正向	亮
导通条件	晶闸管有两个导通条件，两者缺一不可。 （1）晶闸管阳极（阳极与阴极之间）施加正向电压。 （2）晶闸管门极（控制极与阴极之间）加正向电压或正向脉冲（正向触发电压）。				

通过上述实验可知，晶闸管导通必须同时具备两个条件：

（1）晶闸管阳极和阴极之间加正向电压；

（2）晶闸管门极和阴极间加正向电压。

当晶闸管导通时，将开关断开（即门极上的电压去掉），灯泡依然亮，说明一旦晶闸管导通，控制极就失去了控制作用。因此在实际应用中，门极只需施加一定的正脉冲电压便可触发晶闸管导通。

通过什么样的方式可以让已经导通的晶闸管关断呢？我们按照以下三种情况继续实验

操作，最后得出结果见表 1-3。

表 1-3　晶闸管关断实验现象和结论

实 验 顺 序		实验前灯的情况	实验时加在晶闸管的电压		实验后灯的情况
			阳极电压	门极电压	
关断实验	1	亮	正向	不加	亮
	2	亮	正向	反向	亮
	3	亮	正向（逐渐减小接近于零）	任意	灯熄灭
关断条件		将正向阳极电压减小到零或使其反相，即：晶闸管阳极电流降低到某一数值（几十毫安）以下，晶闸管才能关断。			
晶闸管的特性		晶闸管的半控性 晶闸管一旦导通后维持阳极电压不变，将触发电压撤除，管子依然处于导通状态。即门极对管子不再具有控制作用，故晶闸管属于半控型器件。导通后，流过晶闸管的电流由主电路电源和负载来决定。			

可见要想关断晶闸管，必须将阳极电流减小到某一数值以下，晶闸管才能关断。可采用的方法有：将阳极电压减小到零或将晶闸管的阳极和阴极间加反向电压。晶闸管是一种能够通过控制信号控制其导通，但不能控制其关断的半控型器件。

1.3.3　晶闸管的触发原理

触发就是当晶闸管加正向阳极电压后，门极加适当的正向门极电压，使晶闸管导通的过程。为了进一步说明晶闸管的触发原理，可把晶闸管看成是由一个 PNP 型和一个 NPN 型三极管连接而成的，连接形式如图 1-14（a）所示。其中 N_1、P_2 为两管共用，即一个晶体管的基极与另一个晶体管的集电极相连。阳极 A 相当于 PNP 型管 VT_1 的发射极，阴极 K 相当于 NPN 型管 VT_2 的发射极，如图 1-14（b）所示。

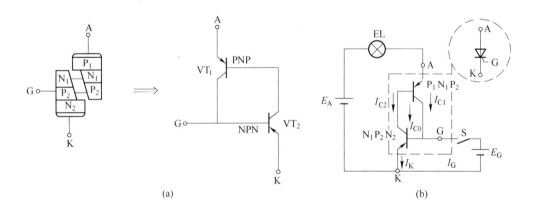

(a)　　　　　　　　　　　　　　　　　　(b)

图 1-14　晶闸管的结构与工作原理的等效电路

（a）晶闸管结构以互补晶体管等效；（b）晶闸管工作原理等效电路

晶闸管加正向阳极电压 E_A，此时开关 S 闭合，门极也加上足够的门极电压 E_G，则有门极电流 I_G 从门极流入 VT_2（$N_1P_2N_2$）的基极，也就是注入了驱动电流。I_G 经 VT_2 放大后形成集电极电流 I_{C2}，而 I_{C2} 又是 VT_1（$P_1N_1P_2$）的基极电流，再经 VT_1，进一步放大了 I_{C1}，I_{C1} 又是 VT_2 的基极电流，I_{C1} 又流入 VT_2 的基极。如此循环，产生强烈的正反馈，最后 VT_1、VT_2 两个晶体管快速饱和，从而使晶闸管由阻断迅速地变为导通。导通后晶闸管两端的压降一般为 1.5V 左右，此过程称为门极触发。

对晶闸管的驱动过程中，产生注入门极的触发电流 I_G 的电路称为门极触发电路，而流过晶闸管的电流取决于外加电源电压和主回路的阻抗。正反馈的过程如下：

$$I_G\uparrow \rightarrow I_{B2}\uparrow \rightarrow I_{C2}\uparrow (=\beta_2 I_{B2})\rightarrow I_{B1}\uparrow \rightarrow I_{C1}\uparrow (=\beta_1 I_{B1})\rightarrow I_{B2}\uparrow（正反馈）$$

晶闸管一旦导通，即使此时撤掉外电路注入门极的电流，即 $I_G=0$，晶闸管由于内部已经形成了强烈的正反馈，仍然维持导通状态。要使晶闸管关断，只有降低阳极电压到零或对晶闸管施加反向阳极电压，使得流过晶闸管的阳极电流小于维持电流，晶闸管方可恢复到阻断状态。

1.3.4 晶闸管的伏安特性

晶闸管的阳极、阴极间电压 U_A 和阳极电流 I_A 之间的关系，称为阳极伏安特性。其伏安特性曲线如图 1-15 所示。伏安特性包括正向特性和反向特性两部分，第一象限是正向特性，第三象限是反向特性。

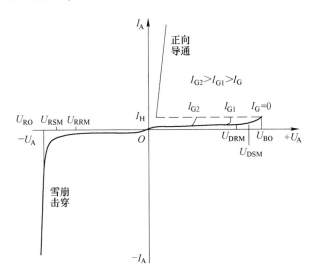

图 1-15 晶闸管的伏安特性曲线

U_{DRM}，U_{RRM}—正、反向断态重复峰值电压；U_{DSM}，U_{RSM}—正、反向断态不重复峰值电压；

U_{BO}—正向转折电压；U_{RO}—反向击穿电压

1. 正向伏安特性

晶闸管的正向特性如图 1-15 第一象限所示，它分为正向阻断状态和导通状态。在正向阻断状态时，晶闸管的伏安特性是一组随门极电流 I_G 的增加而不同的曲线组。当 $I_G=0$ 时，逐渐增大阳极电压 U_A，只有很小的正向漏电流，晶闸管正向阻断。随着阳极电压的增加，当达到正向转折电压 U_{BO} 时，漏电流突然剧增，晶闸管由正向阻断突变为正向导通状态。这种在 $I_G = 0$ 时，依靠增大阳极电压而强迫晶闸管导通的方式称为"硬开通"。多次"硬开通"会使晶闸管损坏，因此通常不允许这样做。随着门极电流 I_G 的增大，晶闸管的正向转折电压 U_{BO} 迅速下降，当 I_G 足够大时，晶闸管的正向转折电压很小。一般是对晶闸管的门极加足够大的触发电流使其导通，门极触发电流越大，正向转折电压越低，加上正向阳极电压，管子就导通了。

2. 反向伏安特性

晶闸管的反向伏安特性如图 1-15 第三象限所示，它与一般二极管的反向特性相似。在正常情况下，当承受反向阳极电压时，晶闸管总是处于阻断状态，只有很小的反向漏电流流过。当反向电压增加到一定值时，反向漏电流增加较快，再继续增大反向阳极电压会导致晶闸管反向击穿，造成晶闸管永久性损坏，这时对应的电压为反向击穿电压 U_{RO}。

综上所述，晶闸管就像一个可以由门极电流控制其开通，不能控制其关断的单向的无触点开关。当然这个单向的无触点开关不是理想的，在正向阻断和反向阻断时，晶闸管的电阻不是无穷大；在正向导通时，晶闸管的电阻也不为零，还有一定的管压降。

1.3.5　晶闸管的主要参数

在实际使用过程中，往往要根据实际的工作条件进行管子的合理选择，以达到满意的技术经济效果。正确的选择管子主要包括两方面，一方面要根据实际情况确定所需晶闸管的额定值；另一方面根据额定值确定晶闸管的型号。

晶闸管的各项额定参数在晶闸管生产后，由厂家经过严格测试而确定，使用者只需要能够正确的选择管子就可以。表 1-4 列出了晶闸管的一些主要参数。

表 1-4　晶闸管的主要参数

型　号	通态平均电流 /A	正向、反向（断态）重复峰值电压 /V	额定结温 /℃	触发电流 /mA	触发电压 /V	断态电压临界上升率 /V·μs⁻¹	断态电流临界上升率 /A·μs⁻¹	浪涌电流 /A
参数符号	$I_{T(AV)}$	U_{DRM}、U_{RRM}	T_{IM}	I_{GT}	U_{GT}	du/dt	di/dt	I_{TSM}
KP5	5	100~2000	100	5~70	≤3.5			90
KP10	10	100~2000	100	5~100	≤3.5			190
KP20	20	100~2000	100	5~100	≤3.5			380
KP30	30	100~2400	100	8~150	≤3.5			560
KP50	50	100~2400	100	8~150	≤4			940
KP100	100	100~3000	115	10~250	≤4			1880
KP200	200	100~3000	115	10~250	≤5	25~1000	25~500	3770
KP300	300	100~3000	115	20~300	≤5			5650
KP400	400	100~3000	115	20~300	≤5			7540
KP500	500	100~3000	115	20~300	≤5			9420
KP600	600	100~3000	115	30~350	≤5			11160
KP800	800	100~3000	115	30~350	≤5			14920
KP1000	1000	100~3000	115	40~400	≤5			18600

1. 电压参数

（1）正向断态重复峰值电压 U_{DRM}。

在图 1-11 中晶闸管的伏安特性中，规定当门极断开时，晶闸管处于额定结温，允许重复加在管子上的正向峰值电压。

（2）反向断态重复峰值电压 U_{RRM}。

与 U_{DRM} 相似，规定当门极断开时，晶闸管处于额定结温，允许重复加在管子上的反向峰值电压。

（3）额定电压 U_{Tn}。

晶闸管出厂时其电压定额的确定，为了保证晶闸管的耐压安全，出厂时铭牌标出的额定电压通常是器件实测的 U_{DRM} 和 U_{RRM} 中较小的值，并百位取整，取相应的标准电压级别，电压级别见表 1-5。

表 1-5 晶闸管的标准电压级别

级别	正、负重复峰值电压/V	级别	正、负重复峰值电压/V	级别	正、负重复峰值电压/V
1	100	8	800	20	2000
2	200	9	900	22	2200
3	300	10	1000	24	2400
4	400	11	1100	26	2600
5	500	12	1200	28	2800
6	600	14	1400	30	3000
7	700	16	1600		

例如，某晶闸管测得其正向断态重复峰值电压值为 750V，反向断态重复峰值电压值为 620V，取小者为 620V，按表 1-5 中相应电压等级标准为 600V，此器件铭牌上即标出额定电压为 600V，电压级别为 6 级。

晶闸管使用时，若外加电压超过反向击穿电压，会造成器件永久性损坏。若超过正向转折电压，器件就会误导通，经数次这种导通后，也会造成器件损坏。此外器件的耐压还会受环境温度、散热状况的影响，因此选择时应注意留有充分的裕量，因此在选择管子的时候，应当使晶闸管的额定电压是实际工作时可能承受的最大电压 U_{TM} 的 2～3 倍，即

$$U_{Tn} = (2 \sim 3) U_{TM}$$

（4）通态平均电压 $U_{T(AV)}$（管压降）。

当晶闸管中流过额定电流并达到稳定的额定结温时，阳极与阴极之间电压降的平均值，简称管压降。管压降越小，表明管子的耗散功率越小，则管子的质量就越好。

通态平均电压 $U_{T(AV)}$ 分为 A～I，对应为 0.4～1.2V 共九个级别，如 A 组 $U_{T(AV)} = 0.4V$、F 组 $U_{T(AV)} = 0.9V$。

2. 电流参数

（1）额定电流 $I_{T(AV)}$（额定通态平均电流）。

在环境温度小于 40℃ 和标准散热及全导通的条件下，晶闸管可以连续导通的工频正弦半波电流平均值。通常所说晶闸管是多少安就是指这个电流。

按 $I_{T(AV)}$ 的定义，由图 1-16 可分别求得通态平均电流 $I_{T(AV)}$、电流有效值 I_T、电流最大值 I_m 的三者关系如下。

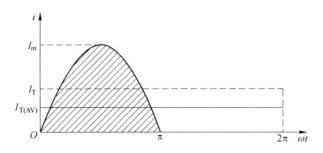

图 1-16   晶闸管的通态平均电流、有效值、最大值

额定电流（电流平均值）为

$$I_{T(AV)} = \frac{1}{2\pi}\int_0^\pi I_m \sin\omega t \mathrm{d}(\omega t) = \frac{I_m}{\pi}$$

电流的有效值为

$$I_T = \sqrt{\frac{1}{2\pi}\int_0^\pi I_m^2(\sin\omega t)^2 \mathrm{d}(\omega t)} = \frac{I_m}{2}$$

然而在实际使用中，流过晶闸管的电流波形形状、波形导通角并不是一定的，各种含有直流分量的电流波形都有一个电流平均值（一个周期内波形面积的平均值），也就有一个电流有效值（均方根值）。现定义某电流波形的有效值与平均值之比为这个电流的波形系数，用 K_f 表示，即

$$K_f = \frac{电流有效值}{电流平均值}$$

根据上式可求出正弦半波电流的波形系数为

$$K_f = \frac{I_T}{I_{T(AV)}} = \frac{\pi}{2} = 1.57$$

这说明额定电流 $I_{T(AV)} = 100A$ 的晶闸管，其额定电流有效值为 $I_T = K_f I_{T(AV)} = 157A$。即额定电流为 100A 的晶闸管，其允许通过的电流有效值为 157A。不同的电流波形有不同的平均值与有效值，波形系数 K_f 也不同。

在选用晶闸管的时候，首先要根据管子的额定电流（通态平均电流）求出元件允许流过的最大有效电流。不论流过晶闸管的电流波形如何，只要流过元件的实际电流最大有效值 I_{Tm} 小于或等于管子的额定有效值 I_T，且散热冷却在规定的条件下，管芯的发热就能限制在允许范围内。由于晶闸管的电流过载能力比一般电机、电器要小得多，因此在选用晶闸管额定电流时，根据实际最大的电流计算后至少要乘以 1.5~2 倍的安全余量，即

$$I_{T(AV)} = (1.5 \sim 2)I_{Tm}/1.57$$

【例 1-1】   一晶闸管接在 220V 的交流电路中，通过晶闸管最大电流的有效值为 50A，问如何选择晶闸管的额定电压和额定电流？

解：额定电压

$$U_{Tn} = (2 \sim 3) U_{TM} = (2 \sim 3) \times \sqrt{2} \times 220 = 622 \sim 933V$$

按晶闸管参数系列取 800V，即 8 级。

额定电流

$$I_{T(AV)} = (1.5 \sim 2) I_{Tm}/1.57 = (1.5 \sim 2) \times 50/1.57 = 48 \sim 64A$$

按晶闸管参数系列取 50A。

（2）维持电流 I_H。

维持电流就是维持晶闸管导通所需的最小电流，一般为几十到几百毫安。维持电流与元件容量、结温等因素有关，额定电流大的管子维持电流也大；结温越高，维持电流越小。同一管子结温低时维持电流增大，维持电流大的管子容易关断。同一型号的管子其维持电流也各不相同。

（3）擎住电流 I_L。

晶闸管门极加上触发脉冲使其开通过程中，当脉冲消失时要保持其维持导通所需的最小阳极电流。对同一晶闸管来说，擎住电流 I_L 要比维持电流 I_H 大 2~4 倍。欲使晶闸管触发导通，必须使触发脉冲保持到阳极电流上升到擎住电流 I_L 以上，否则会造成晶闸管重新恢复阻断状态，因此触发脉冲必须具有一定宽度。

（4）浪涌电流 I_{TSM}。

浪涌电流是一种电路异常情况（如故障）引起的并使结温超过额定结温的不重复性最大正向过载电流。在规定条件下，工频正弦半周期内所允许的最大过载峰值电流称为浪涌电流 I_{TSM}。

3. 门极参数

（1）门极触发电流 I_{GT}。

室温下，在晶闸管的阳极与阴极间加上 6V 的正向阳极电压，管子由断态转为完全开通所必需的最小门极直流电流，称为门极触发电流，一般为几十到几百毫安。

（2）门极触发电压 U_{GT}。

在室温下，晶闸管施加 6V 正向阳极电压时，使管子完全开通所必需的最小门极电流相对应的门极电压，称为门极触发电压 U_{GT}。门极触发电压 U_{GT} 是晶闸管能够被触发导通门极所需要的触发电压的最小值。为了保证晶闸管能够可靠的触发导通，实际外加的触发电压必须大于这个最小值。触发信号通常是脉冲形式，脉冲电压的幅值可以数倍于门极触发电压 U_{GT}。

4. 动态参数

（1）开通时间 t_{gt}。

晶闸管在导通和阻断两种状态之间的转换并不是瞬时完成的，而需要一定的时间。当元件的导通与关断频率较高时，就必须考虑这种时间的影响。

一般规定：从门极触发电压前沿的 10% 到元件阳极电压下降至 10% 所需的时间称为开通时间 t_{gt}，普通晶闸管的 t_{gt} 约为 6μs。开通时间与触发脉冲的陡度大小、结温以及主回路中的电感量等有关。为了缩短开通时间，常采用实际触发电流比规定触发电流大 3~5 倍、前沿陡的窄脉冲来触发，称为强触发。另外，如果触发脉冲不够宽，晶闸管就不可能触发导通。一般说来，要求触发脉冲的宽度稍大于 t_{gt}，以保证晶闸管可靠触发。

（2）关断时间 t_q。

晶闸管导通时，内部存在大量的载流子。晶闸管的关断过程是：当阳极电流刚好下降到零时，晶闸管内部各 PN 结附近仍然有大量的载流子未消失，此时若马上重新加上正向电压，晶闸管仍会不经触发而立即导通，只有再经过一定时间，待元件内的载流子通过复合而基本消失之后，晶闸管才能完全恢复正向阻断能力。我们把晶闸管从正向阳极电流下降为零到它恢复正向阻断能力所需要的这段时间称为关断时间 t_q。晶闸管的关断时间与元件结温、关断前阳极电流的大小以及所加反压的大小有关。普通晶闸管的 t_q 约为几十到几百微秒。

（3）通态电流临界上升率 di/dt。

门极流入触发电流后，晶闸管开始只在靠近门极附近的小区域内导通，随着时间的推移，导通区才逐渐扩大到 PN 结的全部面积。如果阳极电流上升得太快，则会导致门极附近的 PN 结因电流密度过大而烧毁，使晶闸管损坏。因此，对晶闸管必须规定允许的最大通态电流上升率，称通态电流临界上升率 di/dt。

（4）断态电压临界上升率 du/dt。

在晶闸管断态时，如果施加于晶闸管两端的电压上升率超过规定值，即使此时阳极电压幅值并未超过断态正向转折电压，也会由于 du/dt 过大而导致晶闸管的误导通。这是因为晶闸管的结面积在阻断状态下相当于一个电容，若突然加一正向阳极电压，便会有一个充电电流流过结面，该充电电流流经靠近阴极的 PN 结时，产生相当于触发电流的作用，如果这个电流过大，将会使元件误触发导通，因此对晶闸管还必须规定允许的最大断态电压上升率。我们把在规定条件下，晶闸管直接从断态转换到通态的最大阳极电压上升率称为断态电压临界上升率 du/dt。

1.3.6 晶闸管的型号含义和使用

1. 晶闸管的型号含义

为了正确选择和使用晶闸管，了解晶闸管的型号命名含义是必要的。国产普通 KP 型晶闸管的型号及含义如下：

例如，KP100-8D 表示额定电流为 100A，额定电压为 800V，管压降为 0.7V 的普通晶闸管。因此，例 1-1 中，晶闸管的型号可以选择 KP50-8。

2. 晶闸管的使用

晶闸管在使用过程中也要采用正确的使用方法，以保证晶闸管能够安全可靠运行，延长其使用寿命。关于晶闸管的使用，具体应注意以下问题：

（1）选择普通晶闸管的额定电压时，应参考实际工作条件下的峰值电压的大小，并留出一定的裕量。

（2）选择普通晶闸管的额定电流时，除了考虑通过元件的平均电流外，还应注意正常工作时导通角的大小、散热通风条件等因素。在工作中还应注意管壳温度不超过相应电流下的允许值。

（3）使用普通晶闸管之前，应该用万用表检查其是否良好。发现有短路或断路现象时，应立即更换。

（4）严禁用兆欧表检查元器件的绝缘情况。

（5）电流为 5A 以上的普通晶闸管要装散热器，并且保证所规定的冷却条件。为保证散热器与普通晶闸管接触良好，它们之间应涂上一薄层有机硅油或硅脂，以便于良好的散热。例如，50A 以上的晶闸管必须采用风冷却，风速不小于 5m/s。

（6）按规定对主电路中的晶闸管采用过电压及过电流保护装置。

（7）要防止普通晶闸管门极的正向过载和反向击穿。

1.3.7　晶闸管的测试

在实际使用中，需要对晶闸管的好坏进行简单的判断，常采用万用表法进行判断。

1. 测量阳极与阴极之间的电阻，万用表挡位置于 $R×1k\Omega$ 挡或 $R×10k\Omega$ 挡

（1）将黑表笔接在晶闸管的阳极，红表笔接在晶闸管的阴极，测量阳极与阴极之间的正向电阻 R_{AK}，观察指针摆动如图 1-17 所示。

（2）将表笔对换，测量阴极与阳极之间的反向电阻 R_{KA}，观察指针摆动，如图 1-18 所示。

结果：正反向电阻均很大。

原因：晶闸管是 4 层 3 端半导体器件，在阳极和阴极间有 3 个 PN 结，无论加何电压，总有 1 个 PN 结处于反向阻断状态，因此正反向阻值均很大。

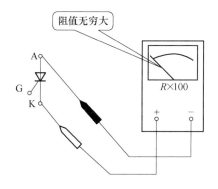

图 1-17　测量阳极和阴极间正向电阻

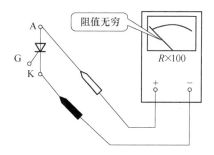

图 1-18　测量阳极和阴极间反向电阻

2. 测量门极与阴极之间的电阻，万用表挡位置于 $R×10\Omega$ 挡或 $R×100\Omega$ 挡

（1）将黑表笔接晶闸管的门极，红表笔接晶闸管的阴极，测量门极与阴极之间的正向电阻 R_{GK}，观察指针摆动，如图 1-19 所示。

（2）将表笔对换，测量阴极与门极之间的反向电阻 R_{KG}，观察指针摆动，如图 1-20 所示。

结果：两次测量的阻值均不大，但前者小于后者。

原因：在晶闸管内部控制极和阴极之间反并联了一个二极管，对加在控制极和阴极之间的反向电压进行限幅，防止晶闸管控制极与阴极之间的 PN 结反向击穿。

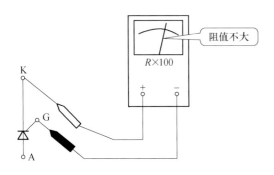

图 1-19　　测量门极和阴极间正向电阻

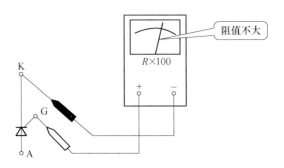

图 1-20　　测量门极和阴极间反向电阻

任务 1.4　　单相半波可控整流电路

扫一扫查看
整流电路

1.4.1　整流电路

1. 整流电路的概念

整流电路是电力电子技术中出现最早的一种电路，即把交流电能转换为直流电能供给直流用电设备。大多数整流电路由变压器、整流主电路和滤波器等组成。它在直流电动机的调速、同步发电机的励磁调节、电解、电镀、通信系统、电源等领域得到广泛应用。20世纪 70 年代以后，主电路多由硅整流二极管和晶闸管组成。变压器的作用是实现交流输入电压与直流输出电压间的匹配，以及交流电网与整流电路之间的电隔离。

2. 整流电路的分类

按组成的器件分类，整流电路可分为不可控整流电路和可控整流电路。

（1）不可控整流电路完全由不可控二极管组成，电路结构一定后，其输出直流电压值是固定不变的。

（2）可控整流电路由晶闸管或其他全控型器件和二极管混合组成，在这种电路中，输出直流电压值可以调节。

按电网交流输入相数，整流电路分为单相整流电路和三相整流电路。

（1）小功率整流器常采用单相供电。

（2）三相整流电路的交流侧由三相电源供电，负载容量较大，或要求直流电压脉动较小，容易滤波。

3. 可控整流电路

晶闸管具有单向可控导电性，因此在电力电子技术中，可控整流是晶闸管的最基本应用之一，即把输入的交流电变换成大小可调的直流电，此过程称为可控整流。

可控整流电路种类很多，单相可控整流电路因其具有电路简单、投资少和制造、调试、维修方便等优点，一般给 4kW 以下容量的负载供电，对于容量超过 4kW 的负载，采用三相可控整流电路。按电路所取用的电源和电路结构的不同可控整流电路的分类如图 1-21 所示。

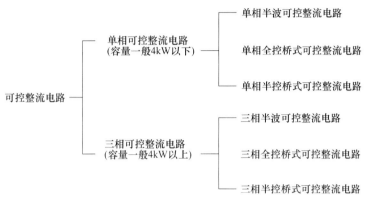

图 1-21　可控整流电路的分类图

图 1-22 所示的是晶闸管可控整流装置的原理框图，主要由整流变压器 TR、同步变压器 TS、晶闸管主电路、触发电路、负载等几部分组成。

可控整流电路的输入端通过整流变压器 TR 接在交流电网上，输入电压是交流电，输出端接负载，输出的是可在一定范围内变化的直流电压，负载可以是电阻性负载（如电炉、电热器、电焊机和白炽灯等）、大电感负载（如直流

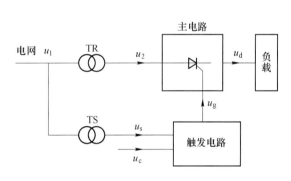

图 1-22　晶闸管可控整流装置原理框图

电动机的励磁绕组、滑差电动机的电枢线圈等）以及反电动势负载（如直流电动机的电枢反电动势、充电状态下的蓄电池等）。只要改变触发电路所提供的触发脉冲送出的时刻，就能改变晶闸管在交流电压 u_2 一个周期内导通的时间，从而调节负载上得到的直流电压平均值的大小。

1.4.2　单相半波可控整流电路带电阻性负载

前面介绍的图 1-2 调光灯电路实际上就是负载为电阻性的单相半波可控整流电路。在工业生产中，很多负载呈现电阻性，如电热器、加热炉和电焊机等，它们的特点是：负载上的电流大小在每个瞬间都和所加电压大小成比例，且负载上承受的电压和流过的电流波形相似，电压、电流的大小可以突变。

扫一扫查看
单相半波可控整流
电路带电阻性负载

1. 电路结构

单相半波可控整流调光灯主电路如图 1-23 所示，它是由变压器的次级绕组与负载相接，中间串联一个晶闸管，利用晶闸管的单向可控导电性，在半个周期内通过控制晶闸管导通时间来控制电流流过负载的时间，另半个周期晶闸管关断，负载没有电流。

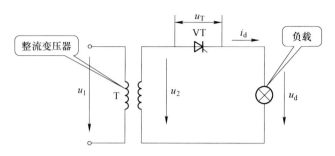

图 1-23 单相半波可控整流电路图

整流变压器（调光灯电路可直接由电网供电，不采用整流变压器）具有变换电压和隔离的作用，其一次和二次电压瞬时值分别用 u_1 和 u_2 表示，电流瞬时值用 i_1 和 i_2 表示，电压有效值用 U_1 和 U_2 表示，电流有效值用 I_1 和 I_2 表示。晶闸管两端电压用 u_T 表示，晶闸管两端电压最大值用 U_{TM} 表示。流过晶闸管的电流瞬时值用 i_T 表示，有效值用 I_T 表示，平均值用 I_{dT} 表示。负载两端电压瞬时值用 u_d 表示，平均值用 U_d 表示，有效值用 U 表示，流过负载电流瞬时值用 i_d 表示，平均值用 I_d 表示，有效值用 I 表示。

2. 几个名词术语

（1）控制角 α。

控制角 α 也叫触发角或触发延迟角，是指晶闸管从承受正向电压开始到触发脉冲出现之间的电角度。晶闸管承受正向电压开始的时刻要根据晶闸管具体工作电路来分析，单相半波电路中，晶闸管承受正向电压开始时刻为电源电压过零变正的时刻，如图 1-24 所示。

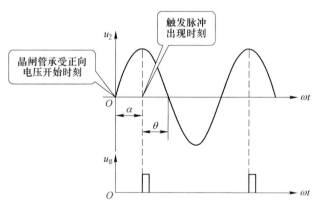

图 1-24 控制角 α 和导通角 θ 的计算方法

（2）导通角 θ。

导通角 θ 是指晶闸管在一个周期内处于导通的电角度。单相半波可控整流电路电阻性负载时，$\theta = 180° - \alpha$，如图 1-24 所示。不同电路或者同一电路不同性质的负载，导通角 θ 和控制角 α 的关系不同。

（3）移相。

移相是指改变触发脉冲出现的时刻，即改变控制角 α 的大小。

（4）移相范围。

移相范围是指一个周期内触发脉冲的移动范围，它决定了输出电压的变化范围。单相半波可控整流电路电阻性负载时，移相范围为 $0 \sim \pi$，对应的 θ 的导通范围为 $\pi \sim 0$。不同电路或者同一电路不同性质的负载，移相范围不同。

3. 工作原理

（1）原理分析。

图 1-25（a）所示是单相半波相控整流电阻性负载的电路，图中的 Tr 为整流变压器，其二次输出电压为

$$u_2 = \sqrt{2} U_2 \sin\omega t$$

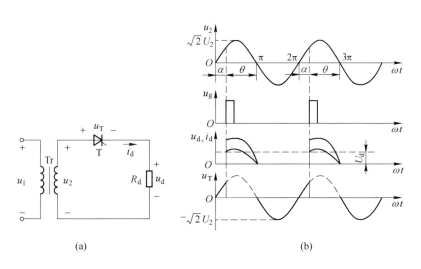

图 1-25 单相半波相控整流电路及其波形图

（a）单相半波相控整流电路；（b）输出电压波形

在电源正半周期，电压 u_2 的极性是上正下负，晶闸管承受正向阳极电压。在 $\omega t = 0 \sim \alpha$ 期间，由于无触发信号到晶闸管的门极，晶闸管处于正向阻断状态而承受全部电源电压 $u_T = u_2$，负载 R_d 中无电流流过 $i_d = 0$，负载上的电压 $u_d = 0$。当 $\omega t = \alpha$ 时，晶闸管被触发导通，电源电压全部加在负载 R_d 上（忽略管压降），$u_T = 0$，$u_d = u_2$。到 $\omega t = \pi$ 时，电源电压 u_2 过零开始变负，晶闸管开始承受反向电压，处于反向阻断状态，u_2 全部加在晶闸管两端，$u_T = u_2$，负载 R_d 中无电流流过 $i_d = 0$，负载上的电压 $u_d = 0$。直到下一个周期的触发脉冲到来后，晶闸管又被触发导通，电路工作情况又重复上述过程。各电量的波形如图 1-25（b）所示。

（2）控制角 $\alpha = 0°$ 时。

在 $\alpha = 0°$ 时即在电源电压 u_2 过零变正点，晶闸管门极触发脉冲出现，如图 1-26 所示。在电源电压零点开始，晶闸管承受正向电压，此时触发脉冲出现，满足晶闸管导通条件晶闸管导通，负载上得到输出电压 u_d 的波形是与电源电压 u_2 相同形状的波形，忽略晶闸管的管压降，$u_T = 0$；当电源电压 u_2 过零点，晶闸管阳极电流也下降到零而被关断，电路无输出，负载两端电压 u_d 为零，晶闸管承受全部反向电压，$u_T = u_2$；在电源电压负半周内，晶闸管承受反向电压不能导通，直到第二周期 $\alpha = 0°$ 触发电路再次施加触发脉冲时，晶闸

管再次导通。

（3）控制角 $\alpha = 30°$ 时。

改变晶闸管的触发时刻，即控制角 α 的大小可改变输出电压的波形，图 1-27 所示为 $\alpha = 30°$ 的理论波形。在 $\alpha = 30°$ 时，晶闸管承受正向电压，此时加入触发脉冲晶闸管导通，负载上得到输出电压 u_d 的波形是与电源电压 u_2 相同形状的波形，忽略晶闸管的管压降，$u_T = 0$；同样当电源电压 u_2 过零时，晶闸管也同时关断，负载上得到的输出电压 u_d 为零，晶闸管承受全部反向电压，$u_T = u_2$；在电源电压过零点到 $\alpha = 30°$ 之间的区间上，虽然晶闸管已经承受正向电压，但由于没有触发脉冲，晶闸管依然处于截止状态，晶闸管承受全部反向电压，$u_T = u_2$。

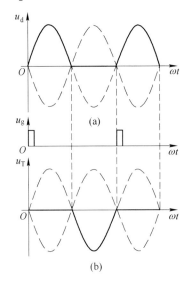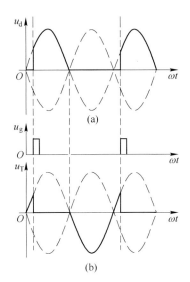

图 1-26　控制角 $\alpha = 0°$ 时输出电压和　　　　图 1-27　控制角 $\alpha = 30°$ 时输出电压
晶闸管两端电压的理论波形图　　　　　　和晶闸管两端电压的理论波形图
（a）输出电压波形；（b）晶闸管两端电压波形　　（a）输出电压波形；（b）晶闸管两端电压波形

图 1-28 所示为 $\alpha = 30°$ 时实际电路中用示波器测得的输出电压和晶闸管两端电压波形，可与理论波形对照进行比较。

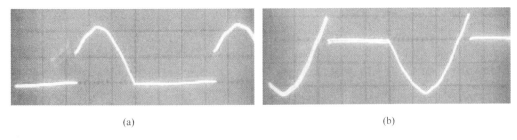

图 1-28　控制角 $\alpha = 30°$ 时输出电压和晶闸管两端电压的实测波形图
（a）输出电压波形；（b）晶闸管两端电压波形

（4）控制角为其他角度时。

继续改变触发脉冲的出现时刻，我们可以分别得到控制角 α 为 60°、90°和 120°时的波形图，如图 1-29~图 1-34 所示，其原理同上。

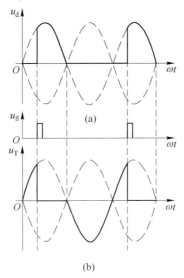

图 1-29 控制角 α=60°时输出电压和晶闸管两端电压的理论波形图

（a）输出电压波形；（b）晶闸管两端电压波形

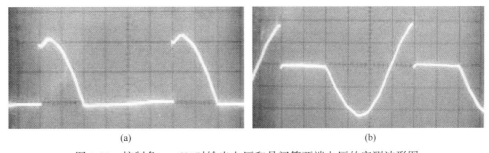

(a)　　　　　　　　　　　(b)

图 1-30 控制角 α=60°时输出电压和晶闸管两端电压的实测波形图

（a）输出电压波形；（b）晶闸管两端电压波形

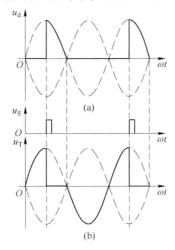

图 1-31 控制角 α=90°时输出电压和晶闸管两端电压的理论波形图

（a）输出电压波形；（b）晶闸管两端电压波形

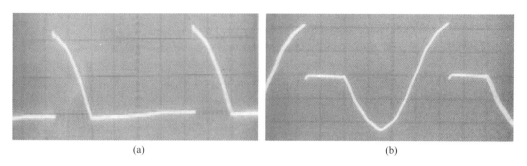

图 1-32 控制角 $\alpha = 90°$ 时输出电压和晶闸管两端电压的实测波形图

（a）输出电压波形；（b）晶闸管两端电压波形

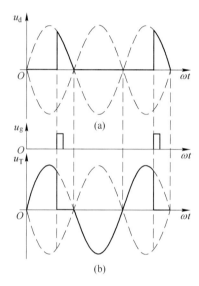

图 1-33 控制角 $\alpha = 120°$ 时输出电压和晶闸管两端电压的理论波形图

（a）输出电压波形；（b）晶闸管两端电压波形

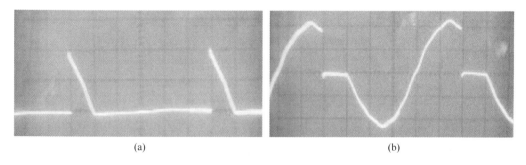

图 1-34 控制角 $\alpha = 120°$ 时输出电压和晶闸管两端电压的实测波形图

（a）输出电压波形；（b）晶闸管两端电压波形

由以上的分析可以得出以下结论：

1）在单相半波整流电路中，改变 α 大小即改变触发脉冲在每周期内出现的时刻，则

u_d 和 i_d 的波形变化，输出整流电压的平均值 U_d 大小也随之改变，α 减小，U_d 增大；反之，U_d 减小。这种通过对触发脉冲的控制来实现控制直流输出电压大小的控制方式称为相位控制方式，简称相控方式。

2）单相半波整流电路，电阻性负载理论上移相范围 $0° \sim 180°$。

【例 1-2】　单相半波可控整流电阻性负载电路如图 1-35 所示，画出 $\alpha = 60°$ 时的 u_2、u_g、u_d、i_d、u_T 变化波形图。

解：

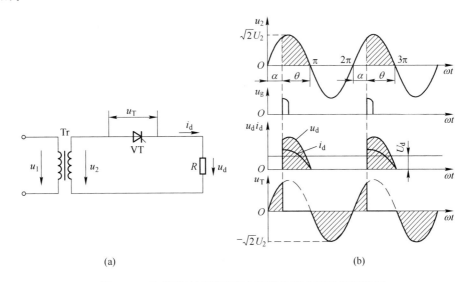

图 1-35　单相半波可控整流电阻性负载电路及其波形图

（a）单相半波可控整流电阻性负载电路；（b）输出电压波形图

4. 相关参数计算

在实际电路应用中，需要选择晶闸管和确定变压器功率。选择晶闸管的依据是晶闸管的电流平均值、电流有效值及最大正反向电压，而整流变压器的功率主要取决于变压器的电压和电流有效值。因此，我们需要根据波形图，对电路相关参数进行计算。

（1）输出电压平均值与平均电流。

$$U_d = \frac{1}{2\pi}\int_{\alpha}^{\pi}\sqrt{2}\,U_2\sin\omega t\,d(\omega t) = 0.45U_2\frac{1+\cos\alpha}{2}$$

$$I_d = \frac{U_d}{R_d} = 0.45\frac{U_2}{R_d}\frac{1+\cos\alpha}{2}$$

可见，输出电压平均值 U_d 与变压器二次侧交流电压 U_2 和控制角 α 有关。当 U_2 给定后，U_d 仅与 α 有关，当 $\alpha = 0°$ 时，则 $U_d = 0.45U_2$ 为最大输出直流电压平均值；当 $\alpha = 180°$ 时，$U_d = 0$。只要控制触发脉冲送出的时刻，U_d 就可以在 $0 \sim 0.45U_2$ 之间连续可调。

（2）负载上电压有效值与电流有效值。

根据有效值的定义，U 应是 u_d 波形的均方根值，即

$$U = \sqrt{\frac{1}{2\pi}\int_{\alpha}^{\pi}(\sqrt{2}\,U_2\sin\omega t^2)\,d(\omega t)} = U_2\sqrt{\frac{\pi-\alpha}{2\pi}+\frac{\sin 2\alpha}{4\pi}}$$

$$I = \frac{U}{R_d} = \frac{U_2}{R_d}\sqrt{\frac{\pi - \alpha}{2\pi} + \frac{\sin\alpha}{4\pi}}$$

（3）晶闸管电流有效值和变压器二次侧电流有效值。

在单相半波可控整流电路中，晶闸管与负载串联，负载、晶闸管和变压器二次侧流过相同的电流，故其有效值相等，其关系为

$$I_T = I_2 = I = \frac{U}{R_d} = \frac{U_2}{R_d}\sqrt{\frac{\pi - \alpha}{2\pi} + \frac{\sin\alpha}{4\pi}}$$

（4）功率因数 $\cos\varphi$。

功率因数是变压器二次侧有功功率与视在功率的比值。

$$\cos\varphi = \frac{P}{S} = \frac{UI}{U_2 I} = \sqrt{\frac{\pi - \alpha}{2\pi} + \frac{\sin\alpha}{4\pi}}$$

当 $\alpha = 0°$ 时，$\cos\varphi$ 最大为 0.707，变压器的最大利用率也仅有 70%。α 越大，$\cos\varphi$ 越小，设备利用率就越低。

（5）晶闸管可能承受的最大电压。

由上面波形图中 u_T 波形可知，晶闸管可能承受的最大正反向峰值电压为

$$U_{TM} = \sqrt{2}\,U_2$$

工程上为了计算方便，有时不用公式进行计算，而是按上述公式先做出表格供查阅计算，见表 1-6。

表 1-6　各电量与控制角 α 的关系

α	0°	30°	60°	90°	120°	150°	180°
U_d/U_2	0.45	0.42	0.338	0.225	0.113	0.03	0
I_T/I_d	1.57	1.66	1.88	2.22	2.78	3.98	—
$\cos\varphi$	0.707	0.698	0.635	0.508	0.302	0.120	—

【例 1-3】　单相半波可控整流电路，电阻性负载。要求输出的直流平均电压为 50 ~ 92V 之间连续可调，最大输出直流平均电流为 30A，直接由交流电网 220V 供电，试求：

（1）控制角 α 的可调范围。

（2）负载电阻的最大有功功率及最大功率因数。

（3）选择晶闸管型号规格（安全余量取 2 倍）。

解：

（1）当 $U_d = 50V$ 时

$$\cos\alpha = \frac{2 \times 50}{0.45 \times 220} - 1 \approx 0 \qquad \alpha = 90°$$

或由查表得

$$U_d/U_2 = 50/220 \approx 0.227 \qquad \alpha = 90°$$

当 $U_d = 92V$ 时

$$\cos\alpha = \frac{2 \times 92}{0.45 \times 220} - 1 \approx 0.87 \qquad \alpha = 30°$$

或由查表得

$$U_{\mathrm{d}}/U_2 = 92/220 \approx 0.418 \qquad \alpha = 30°$$

所以 α 的范围是 30°~90°。

（2）查表法：$\alpha = 30°$ 时，输出直流电压平均值最大为 92V，这时负载消耗的有功功率也最大。通过查表可得最大电流有效值为：

$$I = 1.66 \times I_{\mathrm{d}} = 1.66 \times 30 = 50\mathrm{A}$$

$$P = I^2 R_{\mathrm{d}} = 50^2 \times \frac{92}{30} = 7667\mathrm{W}$$

此时，功率因数最大，查表得：

$$\cos\varphi \approx 0.698$$

公式法：$\alpha = 30°$ 时，输出电流有效值最大，功率因数也最大。

$$I = \frac{U}{R_{\mathrm{d}}} = \frac{U_2}{R_{\mathrm{d}}} \sqrt{\frac{\pi - \alpha}{2\pi} + \frac{\sin 2\alpha}{4\pi}} \approx 50\mathrm{A}$$

$$P = I^2 R_{\mathrm{d}} = 50^2 \times \frac{92}{30} = 7667\mathrm{W}$$

$$\cos\varphi = \frac{P}{S} = \frac{UI}{U_2 I} = \sqrt{\frac{\pi - \alpha}{2\pi} + \frac{\sin 2\alpha}{4\pi}} \approx 0.698$$

（3）选择晶闸管。

因 $\alpha = 30°$ 时，流过晶闸管的电流有效值最大为 50A。

所以，额定电流为：

$$I_{\mathrm{T(AV)}} = 2 \times \frac{I_{\mathrm{Tm}}}{1.57} = 2 \times \frac{50}{1.57} = 64\mathrm{A}$$

取 100A。

晶闸管的额定电压为：

$$U_{\mathrm{Tn}} = 2U_{\mathrm{TM}} = 2 \times \sqrt{2} \times 220 = 622\mathrm{V}$$

取 700V。

故选择 KP100-7 型号的晶闸管。

1.4.3　单相半波可控整流电路带电感性负载

1. 电感性负载特点

扫一扫查看
单相半波可控整流
电路带电感性负载

在工业生产中，很多负载既有阻性又有感性，如直流电动机的励磁线圈、滑差电动机的电枢线圈以及输出串接平波电抗器的负载等，均属于电感性负载。当负载的感抗 ωL_{d} 和负载电阻 R_{d} 的大小相比不可以忽略时，这种负载称为电感性负载。当 $\omega L_{\mathrm{d}} \geqslant 10R_{\mathrm{d}}$ 时，此时的负载称为大电感负载。为了便于分析，通常等效为电阻与电感串联，如图 1-36 所示。

如果负载是感性，它具有储能特性，它可把电能和磁场能相互转换。由于电感对变化的电流有阻碍作用，所以流过负载的电流与负载两端的电压有相位差，电压相位超前，而电流滞后，电压允许突变，而电流不允许突变。

电感线圈是储能元件，当电流 i_{d} 流过线圈时，该线圈就储存有磁场能量，i_{d} 越大，

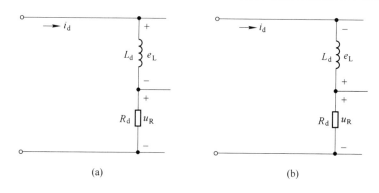

图 1-36　电感线圈对电流变化的阻碍作用

（a）电流 i_d 增大时 L_d 两端感应电动势方向；（b）电流 i_d 减小时 L_d 两端感应电动势方向

线圈储存的磁场能量也越大。若 i_d 逐渐减小，电感线圈就要将所储存的磁场能量释放出来，试图维持原有的电流方向和大小。因此流过电感中的电流是不能突变的，电感本身是不消耗能量的。当流过电感线圈 L_d 中的电流变化时，要产生自感电动势，其大小为 $e_L = -L_d \, di/dt$，它将阻碍电流的变化。当 i 增大时，e_L 阻碍电流增大，产生的 e_L 极性为上正下负，如图 1-36（a）所示；当 i 减小时，阻碍电流减小，产生的 e_L 极性为上负下正，如图 1-36（b）所示。电感线圈既是储能元件，又是电流的滤波元件，它使负载电流波形平滑。

2. 电感性负载（不接续流二极管）

（1）电路结构。

单相半波可控整流电路电感性负载电路如图 1-37（a）所示。

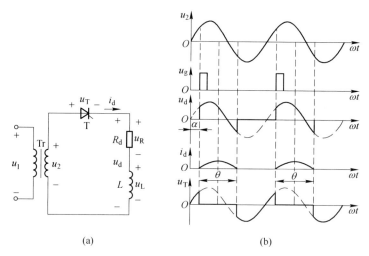

图 1-37　单相半波可控整流电路电感性负载（无续流二极管）电路及其波形图

（a）电感性负载（无续流二极管）电路；（b）波形

（2）工作原理。

图 1-37（b）所示为电感性负载（无续流二极管）在某一控制角 α 时工作波形，从波形图上可以得出以下结论。

1）在 $0° \sim \alpha$ 期间，晶闸管阳极电压大于零，此时晶闸管门极没有触发信号，晶闸管处于正向阻断状态，输出电压和电流都等于零。

2）在 α 时刻，门极加上触发信号，晶闸管被触发导通，电源电压 u_2 施加在负载上，输出电压 $u_d = u_2$。由于电感的存在，在 u_d 的作用下，负载电流 i_d 只能从零逐渐上升。

3）在 π 时刻，交流电源电压过零，由于电感的存在，流过晶闸管的阳极电流仍大于零，晶闸管会继续导通，此时电感储存的能量一部分释放变成电阻的热能，同时另一部分送回电网，电感的能量全部释放完后，晶闸管在电源电压 u_2 的反压作用下而截止。直到下一个周期的正半周，即 $2\pi + \alpha$ 时刻，晶闸管再次被触发导通。如此循环，其输出电压、电流波形如图 1-37（b）所示。

由于电感的存在，使得晶闸管的导通角增大，在电源电压由正到负的过零点也不会关断，使负载电压波形出现部分负值，其结果使输出电压平均值 U_d 减小。电感越大，维持导电时间越长，输出电压负值部分占的比例越大，U_d 减少越多。当电感 L_d 非常大时（满足 $\omega L_d \gg R_d$，通常 $\omega L_d > 10 R_d$ 即可），负载为大电感负载，负载上得到的电压 u_d 波形是正、负面积接近相等，直流电压平均值 U_d 几乎为零。由此可见，单相半波可控整流电路用于大电感负载时，不管如何调节控制角 α，U_d 值总是很小，平均电流 I_d 也很小，如不采取措施，电路无法满足输出一定直流平均电压的要求，没有实用价值。

实际的单相半波可控整流电路在带有电感性负载时，都在负载两端并联有续流二极管。

3. 电感性负载（接续流二极管）

（1）电路结构。

为了使 u_2 过零变负时能及时地关断晶闸管，使 u_d 波形不出现负值，又能给电感线圈 L_d 提供续流的旁路，可以在整流输出端并联二极管 VD。如图 1-38（a）所示，由于该二极管是为电感性负载在晶闸管关断时提供续流回路，故此二极管称为续流二极管。

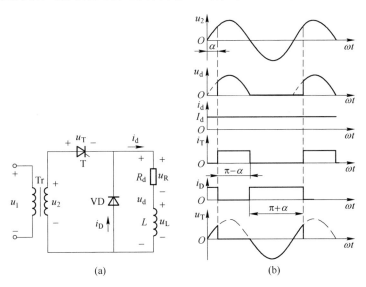

图 1-38　单相半波可控整流电路电感性负载（接续流二极管）电路及其波形图
（a）电感性负载（接续流二极管）；（b）波形

（2）工作原理。

图 1-38（b）所示为电感性负载（接续流二极管）在某一控制角 α 时工作波形，从波

形图上可以得出以下结论。

1）在电源电压正半周（0~π 区间），晶闸管承受正向电压，触发脉冲在 α 时刻触发晶闸管导通，负载上有输出电压和电流。在此期间，续流二极管 VD 承受反向电压而关断。

2）在电源电压负半周（π~2π 区间），电感的感应电压使续流二极管 VD 承受正向电压导通续流，此时电源电压 $u_2 < 0$，u_2 通过续流二极管使晶闸管承受反向电压而关断，负载两端的输出电压仅为续流二极管的管压降，可忽略不计。所以 u_d 波形与电阻性负载相同。但 i_d 的波形则大不相同，因为对大电感而言，续流二极管一直导通到下一周期晶闸管导通，使电流 i_d 连续，且 i_d 波形近似为一条直线。α 的移相范围为 0°~180°。

通过分析可知，与没有续流二极管的情况相比，在电源电压 u_2 正半周，由于二极管承受反向电压而关断，电路的工作情况同不接续流二极管是一样的，负载电流 i_d 由晶闸管提供。当 u_2 过零变负后，引起了 i_d 减小的趋势，使得电感上感应出上负下正的感应电压，则二极管导通，使负载电流 i_d 不经过晶闸管而由二极管继续流通，故称为续流二极管。二极管之所以续流，是因为电感存储的磁场能量保证电流 i_d 能在 L—R_d—VD 回路中流通，即"续流"；而二极管导通后其管压降近似为零，使负极性电源电压通过二极管全部施加在晶闸管的阳极和阴极之间，晶闸管承受反向阳极电压而关断，同时使得输出电压 u_d 为零。

阻感性负载加续流二极管后，输出电压波形不再出现负的部分，使得输出电压波形与电阻性负载输出电压波形相同，但电流 i_d 的波形是不一样的。在晶闸管关断期间，二极管可持续导通，使电流 i_d 连续。如果电感无穷大，负载电流波形连续且近似为一条直线，流过晶闸管和续流二极管的电流波形是矩形波。可见，续流二极管的作用是提高输出电压。

（3）相关参数计算。

1）输出电压平均值 U_d 与输出电流平均值 I_d（和电阻性负载一样）。

$$U_d = 0.45 U_2 \frac{1 + \cos\alpha}{2}$$

$$I_d = \frac{U_d}{R_d} = 0.45 \frac{U_2}{R_d} \frac{1 + \cos\alpha}{2}$$

2）流过晶闸管的电流平均值和有效值。

$$I_{dT} = \frac{\pi - \alpha}{2\pi} I_d$$

$$I_T = \sqrt{\frac{1}{2\pi} \int_\alpha^\pi I_d^2 \, d(\omega t)} = \sqrt{\frac{\pi - \alpha}{2\pi}} I_d$$

3）流过续流二极管的电流平均值和有效值。

$$I_{dD} = \frac{\pi + \alpha}{2\pi} I_d$$

$$I_{\mathrm{D}} = \sqrt{\frac{1}{2\pi}\int_0^{\pi+\alpha} I_{\mathrm{d}}^2 \mathrm{d}(\omega t)} = \sqrt{\frac{\pi+\alpha}{2\pi}} I_{\mathrm{d}}$$

4）晶闸管和续流二极管承受的最大正、反向电压。

晶闸管和续流二极管承受的最大正反向电压都为电源电压的峰值。

$$U_{\mathrm{TM}} = U_{\mathrm{DM}} = \sqrt{2} U_2$$

由于电感性负载电流不能突变，当晶闸管触发导通后，阳极电流上升比较慢，所以要求触发脉冲的宽度要宽些（>20°），避免阳极电流未上升到擎住电流时，触发脉冲已经消失，导致晶闸管无法导通。

单相半波可控整流电路的优点是线路简单，调整方便。缺点是输出电压脉动大，负载电流脉动大；整流变压器次级绕组中存在直流电流分量，使铁心磁化，变压器容量不能充分利用，若不用变压器，则交流回路有直流电流，使电网波形畸变而引起额外损耗。因此，单相半波可控整流电路只适于小容量、波形要求不高的场合。

【例 1-4】　图 1-39 是中、小型发电机采用的单相半波自激稳压可控整流电路。当发电机满负载运行时，相电压为 220V，要求的励磁电压为 40V。已知：励磁线圈的电阻为 2Ω，电感量为 0.1H。试求：

（1）晶闸管及续流管的电流平均值和有效值各是多少？

（2）晶闸管与续流管可能承受的最大电压各是多少？

（3）请选择晶闸管的型号。

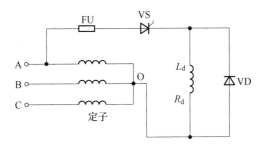

图 1-39　中、小型发电机采用的单相半波自激稳压可控整流电路

解：

（1）先求控制角 α。

因为

$$U_{\mathrm{d}} = 0.45 U_2 \frac{1+\cos\alpha}{2}$$

$$\cos\alpha = \frac{2}{0.45} \times \frac{40}{220} - 1 = -0.192$$

得

$$\alpha \approx 101°$$

因为

$$\omega L_{\mathrm{d}} = 2\pi f L_{\mathrm{d}} = 2 \times 3.14 \times 50 \times 0.1 = 31.4\Omega \gg R_{\mathrm{d}} = 2\Omega$$

所以为大电感负载，各电量分别计算如下：

$$I_d = U_d / R_d = 40/2 = 20A$$

$$I_{dT} = \frac{180° - \alpha}{360°} \times I_d = \frac{180° - 101°}{360°} \times 20 = 4.4A$$

$$I_T = \sqrt{\frac{180° - \alpha}{360°}} \times I_d = \sqrt{\frac{180° - 101°}{360°}} \times 20 = 9.4A$$

$$I_{dD} = \frac{180° + \alpha}{360°} \times I_d = \frac{180° + 101°}{360°} \times 20 = 15.6A$$

$$I_D = \sqrt{\frac{180° + \alpha}{360°}} \times I_d = \sqrt{\frac{180° + 101°}{360°}} \times 20 = 17.7A$$

（2）$U_{TM} = U_{DM} = \sqrt{2} U_2 = 1.414 \times 220 = 311V$

（3）选择晶闸管型号计算如下：

$$U_{Tn} = (2 \sim 3) U_{TM} = (2 \sim 3) \times 311 = 622 \sim 933V \qquad 取 700V$$

$$I_{T(AV)} = (1.5 \sim 2) \frac{I_T}{1.57} = (1.5 \sim 2) \times \frac{9.4}{1.57} = 9 \sim 12A \quad 取 10A$$

故选择晶闸管型号为 KP10-7。

任务 1.5　单结晶体管触发电路

晶闸管由阻断转为导通，除了加上正向阳极电压外，还必须在门极和阴极之间加上适当的正向触发电压与电流。为门极提供触发电压与电流的电路称为触发电路，又称门极控制电路。触发电路是晶闸管装置中的重要部分，正确设计与选择触发电路是保证装置正常运行的关键。

扫一扫查看
单结晶体管触发电路

1.5.1　触发电路的基本要求

1. 触发信号常采用脉冲形式

因为晶闸管在触发导通后，控制极失去控制作用，虽然触发信号可以是交流、直流或脉冲形式，但为减少控制极损耗，故一般触发信号常采用脉冲形式。

2. 触发脉冲要有足够的功率

触发脉冲的电压和电流应大于晶闸管要求的数值，并留有一定的余量，以保证晶闸管可靠导通。晶闸管是电流控制型器件，为保证足够的触发电流，一般可取 2 倍左右所要求的触发电流大小。

3. 触发脉冲前沿要陡，要有足够的宽度

因为同系列晶闸管的触发电压不尽相同，如果触发脉冲不陡，就会造成晶闸管不能被同时触发导通，使整流输出电压波形不对称。脉冲应有一定的宽度，以保证在触发期间阳极电流能达到擎住电流而维持导通，否则触发脉冲一旦消失，管子就关断了。不同的可控整流电路和不同性质的负载，所需要触发脉冲的宽度也不同，见表 1-7。

表 1-7　各种电路对应触发脉冲宽度

可控整流电路形式	单相可控整流		三相半波和三相半控桥		三相全控桥和双反星形	
	电阻负载	电感负载	电阻负载	电感负载	单宽脉冲	双窄脉冲
触发脉冲宽度/μs	10	50~100	10	50~100	350~400	5~100

为了减小触发功率并保证可靠触发，目前使用由许多窄脉冲高频调制组成的脉冲列来触发。触发脉冲的前沿要尽可能陡，一般要小于 10μs，以保证控制晶闸管导通的精度。为了快速而可靠地触发大功率晶闸管，常在脉冲的前沿叠加一个强触发脉冲，如图 1-40 所示。

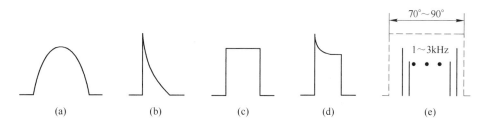

图 1-40　常见触发信号的电压波形
（a）正弦波；（b）尖脉冲；（c）方脉冲；（d）强触发脉冲；（e）脉冲列

4. 触发脉冲与晶闸管阳极电压必须同步

为使晶闸管在每个周期都在相同的控制角 α 触发导通，触发脉冲必须与晶闸管的阳极电压即电源电压同步，并与电源电压波形保持固定的相位关系。

5. 触发脉冲满足主电路移相范围的要求

应保证触发脉冲能在相应的范围内进行移相。触发脉冲的移相范围与主电路形式、负载性质及变流装置的用途有关。

1.5.2　单结晶体管

1. 单结晶体管的结构

单结晶体管的原理结构如图 1-41（a）所示，图中 e 为发射极，b_1 为第一基极，b_2 为第二基极。由图可见，在一块高电阻率的 N 型硅片上引出两个基极 b_1 和 b_2，两个基极之间的电阻就是硅片本身的电阻，一般为 2~12kΩ。在两个基极之间靠近 b_1 的地方用合金法或扩散法掺入 P 型杂质并引出电极，称为发射极 e。单结晶体管是一种特殊的半导体器件，有三个电极，只有一个 PN 结，因此称为单结晶体管，又因为管子有两个基极，所以又称为双基极管。

单结晶体管的等效电路如图 1-41（b）所示，其中 r_{b1} 表示 e 和 b_1 间的电阻，正常工作时，r_{b1} 是随发射极电流大小而变化的。当发射极电流变大时，r_{b1} 变小，相当于一个可变电阻。r_{b2} 表示 e 和 b_2 间的电阻，数值与发射极电流大小无关。PN 结可等效为二极管 VD，它的正向导通压降常为 0.7V。两个基极之间的电阻 $r_{bb} = r_{b1} + r_{b2}$，在等效电路中，当二极管 VD 为截止状态时，r_{bb}、r_{b1}、r_{b2} 为定值，$\eta = r_{b1}/r_{bb}$ 称为分压比，是单结晶体管的主要参数，η 一般为 0.3~0.9。

单结晶体管的图形符号如图 1-41（c）所示。触发电路常用的国产单结晶体管型号有 BT33 和 BT35 两种。B 表示半导体，T 表示特种管，第一个数字 3 表示有三个电极，第二个数字 3（或 5）表示耗散功率 300mW（或 500mW）。

单结晶体管的其外形与引脚排列如图 1-41（d）所示，实物图如图 1-42 所示，对于金属管壳的管子，引脚对着自己，以凸口为起始点，顺时针方向依次为 e、b_1、b_2。

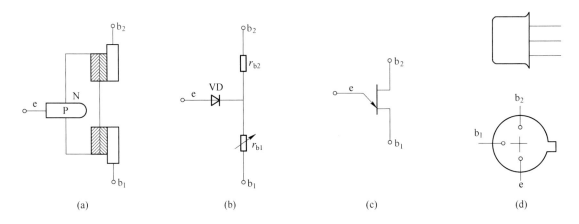

图 1-41　单结晶体管
（a）结构示意；（b）等效电路；（c）图形符号；（d）外形与引脚排列

2. 单结晶体管的伏安特性

单结晶体管的伏安特性指两个基极 b_1 和 b_2 间加某一固定直流电压 U_{bb} 时，发射极电流 I_e 与发射极正向电压 U_e 之间的关系曲线 $I_e = f(U_e)$。单结晶体管的伏安特性共分三个区，分别为截止区、负阻区和饱和区。其实验电路及伏安特性如图 1-43 所示。

当开关 S 断开，I_{bb} 为零，加发射极电压 U_e 时，得到图 1-43（b）中①所示的伏安特性曲线，该曲线与二极管的伏安特性曲线相似。

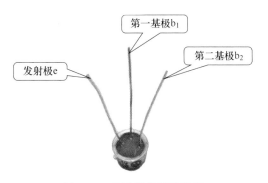

图 1-42　单结晶体管实物图

（1）截止区 aP 段。

当开关 S 闭合时，在两个基极 b_1、b_2 间加上正向电压 U_{bb}，U_{bb} 通过单结晶体管等效电路中的 r_{b1} 和 r_{b2} 分压，得 A 点电位 U_A，其值为：

$$U_A = \frac{r_{b1}}{r_{b1} + r_{b2}} U_{bb} = \eta U_{bb}$$

式中，η 为分压比，一般为 0.3 ~ 0.9。

当 U_e 从零逐渐增加，但 $U_e < U_A$ 时，单结晶体管的 PN 结反偏，仅有很小的反向漏电流；I_e 为负值。如图 1-43（b）的 ab 段。

当 $U_e = U_A$ 时，单结晶体管的 PN 结零偏，$I_e = 0$，如图 1-43（b）所示，电路此时工

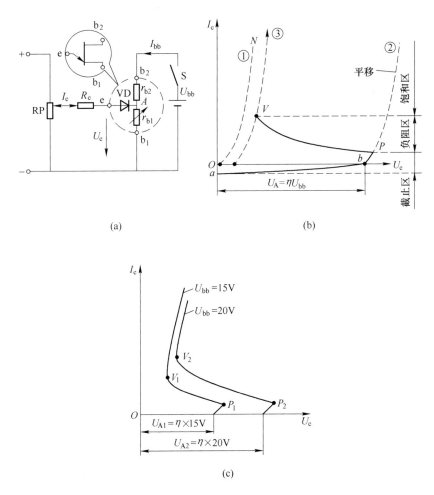

图 1-43 单结晶体管实验电路和伏安特性图
(a) 单结晶体管实验电路；(b) 单结晶体管伏安特性；(c) 特性曲线族

作在特性曲线与横坐标交点 b 处。

进一步增加 U_e，$U_e < U_A + U_D = U_A + 0.7$ 时，单结晶体管的 PN 结开始正偏，出现正向漏电流，I_e 大于零，但数值很小，并未完全导通，如图 1-43 (b) 的 bP 段。

直到 U_e 增加到高出 ηU_{bb} 一个 PN 结正向压降 U_D 时，即 $U_e = U_P = \eta U_{bb} + U_D = U_A + 0.7$ 时，单结管才导通，如图 1-43 (b) 的 P 点。此时对应的电压称为峰点电压，用 U_P 表示，此时的电流称为峰点电流，用 I_P 表示。

(2) 负阻区 PV 段。

当 $U_e > U_P$ 时，管子进入负阻状态，单结晶体管的 PN 结导通，I_e 增大，这时大量的空穴载流子从发射极注入 A 点到 b_1 的硅片，使 r_{b1} 迅速减小，导致 U_A 下降，因而 U_e 也下降。U_A 的下降使 PN 结承受更大的正偏，引起更多的空穴载流子注入硅片中，使 r_{b1} 进一步减小，形成更大的发射极电流 I_e，这是一个强烈的正反馈过程。当 I_e 增大到某一数值时，电压 U_e 下降到最低点。如图 1-43 (b) 的 V 点。此时对应的电压称为谷点电压，用 U_V 表示，此时的电流称为谷点电流，用 I_V 表示。这个过程表明单结晶体管已进入伏安特性的负阻区域。

（3）饱和区 VN 段。

过谷点以后，当 I_e 增大到一定程度时，载流子的浓度注入遇到阻力，欲使 I_e 继续增大，必须增大电压 U_e，这一现象称为饱和导通状态。

通过上述分析可知道单结晶体管有以下重要特点：

1）当发射极电压 U_e 小于峰点电压 U_P 时，单结晶体管 e、b_1 极之间不能导通，即单结晶体管不导通。

2）当发射极电压 U_e 等于峰点电压 U_P 时，单结晶体管导通，此时两极之间的电阻变得很小，U_e 电压的大小很快由峰点电压 U_P 下降至谷点电压 U_V。

3）单结晶体管导通后，当 U_e 小于谷点电压 U_V，单结晶体管会由导通状态进入截止状态。一般单结晶体管的谷点电压为 2~5V。

4）单结晶体管内部等效电阻 r_{b1} 的阻值随电流 I_e 的变化而变化，而 r_{b2} 的阻值则与电流 I_e 无关。

5）不同单结晶体管具有不同的 U_P、U_V 值。对于同一个单结晶体管，当电压 U_{bb} 变化时，其 U_P、U_V 值也会发生变化，如图 1-43（c）所示。在触发电路中常选用谷点电压 U_V 低一些或者谷点电流 I_V 大一些的单结晶体管。

3. 单结晶体管的主要参数

单结晶体管的主要参数有基极间电阻 r_{bb}、分压比 η、峰点电流 I_P、谷点电压 U_V、谷点电流 I_V 及耗散功率等。基极间电阻 r_{bb} 是指发射极开路，基极 b_1、b_2 之间的电阻，一般为 2~12kΩ，数值随温度上升而增大。分压比 η 是由管子内部结构决定的常数，一般为 0.3~0.9。峰点电流 I_P 是指单结晶体管刚开始导通时，发射极电压为峰点电压时的发射极电流。谷点电压 U_V 是指维持管子导通的最小发射极电压。

国产单结晶体管型号主要有 BT33 和 BT35 等。其主要参数见表 1-8。

表 1-8 单结晶体管的主要参数

参数名称		分压比 η	基极间电阻 $r_{bb}/k\Omega$	峰点电流 $I_P/\mu A$	谷点电流 I_V/mA	谷点电压 U_V/V	饱和电压 U_{es}/V	最大反压 U_{b2e}/V	发射极反漏电流 $I_{eo}/\mu A$	耗散功率 P_{max}/mW
测试条件		$U_{bb}=20V$	$U_{bb}=3V$ $I_e=0$	$U_{bb}=0$	$U_{bb}=0$	$U_{bb}=0$	$U_{bb}=0$ I_e 为最大值		U_{b2e} 为最大值	
BT33	A	0.45~0.9	2~4.5	< 4	>1.5	< 3.5	< 4	≥30	< 2	300
	B							≥60		
	C	0.3~0.9	>4.5~12			< 4	< 4.5	≥30		
	D							≥60		
BT35	A	0.45~0.9	2~4.5	< 4	>1.5	< 3.5	< 4	≥30	< 2	500
	B					>3.5		≥60		
	C	0.3~0.9	>4.5~12			< 4	< 4.5	≥30		
	D							≥60		

4. 单结晶体管的测试

利用万用表可以很方便地判断单结晶体管的好坏和极性。单结晶体管 e 极对 b_1 极或 e 极对 b_2 极之间：r_{b1}、r_{b2} 均很小，一般 $r_{b1} > r_{b2}$。单结晶体管 b_1 极和 b_2 极之间：$r_{b1b2} = r_{b2b1} = 2 \sim 12k\Omega$。

（1）单结晶体管电极的判定。

判断单结晶体管发射极 e 的方法是：把万用表置于 $R×100\Omega$ 挡或 $R×1k\Omega$ 挡，黑表笔接假设的发射极，红表笔接另外两极，当出现两次低电阻时，黑表笔接的就是单结晶体管的发射极。

单结晶体管 b_1 和 b_2 的判断方法是：把万用表置于 $R×100\Omega$ 挡或 $R×1k\Omega$ 挡，用黑表笔接发射极，红表笔分别接另外两极，两次测量中，电阻大的一次，红表笔接的就是 b_1 极。应当说明的是，上述判别 b_1、b_2 的方法，不一定对所有的单结晶体管都适用，有个别管子的 e、b_1 间的正向电阻值较小。不过准确地判断哪极是 b_1，哪极是 b_2 在实际使用中并不是特别重要。即使 b_1、b_2 用颠倒了，也不会使管子损坏，只是影响输出脉冲的幅值（单结晶体管多作脉冲发生器使用），当发现输出的脉冲幅值偏小时，只要将原来假定的 b_1、b_2 对调即可。

（2）单结晶体管好坏的判定。

单结晶体管性能的好坏可以通过测量其各极间的电阻值是否正常来判断。用万用表 $R×1k\Omega$ 挡，将黑表笔接发射极 e，红表笔依次接两个基极（b_1 和 b_2），正常时均应有几千欧至十几千欧的电阻值。再将红表笔接发射极 e，黑表笔依次接两个基极，正常时阻值为无穷大。

单结晶体管两个基极 b_1 极和 b_2 极之间的正、反向电阻值均在 $2 \sim 12k\Omega$ 范围内，若测得某两极之间的电阻值与上述正常值相差较大时，则说明该管子已损坏。

1.5.3 单结晶体管自激振荡电路

利用单结晶体管的负阻特性和 RC 电路的充放电特性，可以组成自激振荡电路，产生脉冲，用以触发晶闸管。单结晶体管自激振荡电路的电路图和波形图如图 1-44 所示。

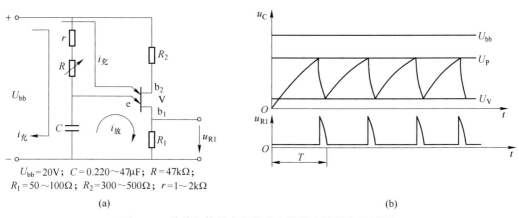

$U_{bb} = 20V$；$C = 0.220 \sim 47\mu F$；$R = 47k\Omega$；
$R_1 = 50 \sim 100\Omega$；$R_2 = 300 \sim 500\Omega$；$r = 1 \sim 2k\Omega$

(a)   (b)

图 1-44 单结晶体管自激振荡电路的电路图和波形图

（a）电路图；（b）波形图

如图 1-44（a）所示，设电源未接通时，电容 C 上的电压为零。电源 U_{bb} 接通后，单结晶体管是截止的，电源电压通过电阻 R_2 和 R_1 加在单结晶体管的 b_2 和 b_1 上，同时又通过电阻 r 和 R 对电容 C 充电。电容电压从零起按指数充电规律上升，充电时间常数为 $(r+R)C$，当电容电压 u_C 达到单结晶体管的峰点电压 U_P 时，$e\text{-}b_1$ 导通，单结晶体管导通，进入负阻状态，电容 C 通过 r_{b1} 和 R_1 放电。由于放电回路的电阻很小，因此放电很快，放电电流在 R_1 上输出一个尖脉冲去触发晶闸管。

随着电容放电，电容电压降低，当电容电压 u_C 下降到谷点电压 U_V 以下时，单结晶体管截止，输出电压 u_{R1} 下降到零，完成一次振荡。放电一结束，电容器重新开始充电，重复上述过程，电容 C 由于 $\tau_{放} < \tau_{充}$ 而得到锯齿波电压，R_1 上得到一个周期性的尖脉冲输出电压。如图 1-44（b）所示。

注意：$(r+R)$ 的值太大或太小，电路都不能振荡。

增加一个固定电阻 r 是为防止 R 调节到零时，充电电流 $i_充$ 过大而造成单结晶体管一直导通无法关断而停振。$(r+R)$ 的值太大时，电容 C 就无法充电到峰值电压 U_P，单结晶体管不能工作在负阻区，而不能导通。

若忽略电容的放电时间，上述弛张振荡电路振荡频率近似为：

$$f = \frac{1}{T} = \frac{1}{(R+r)C\ln\left(\dfrac{1}{1-\eta}\right)}$$

1.5.4　单结晶体管触发电路

如采用上述单结晶体管自激振荡电路输出的脉冲电压去触发可控整流电路中的晶闸管，负载上得到的输出电压 u_d 的波形是不规则的，很难实现正常控制。这是因为触发电路缺少与主电路晶闸管保持电压同步的环节。

图 1-45（a）所示为具有与主电路保持电压同步环节的单结晶体管触发电路，主电路为单相半波可控整流电路。

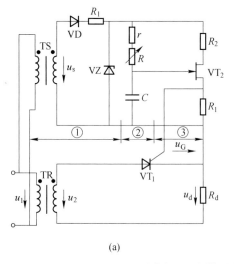
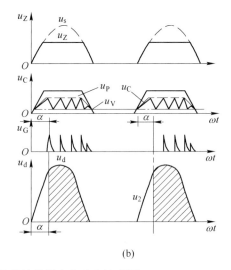

（a）　　　　　　　　　　　　　　（b）

图 1-45　同步电压为梯形波的单结晶体管触发电路和波形图

（a）电路图；（b）波形图

1. 同步环节

什么是同步。触发信号和主电路电源电压在频率和相位上相互协调的关系称同步。图 1-45（a）中触发变压器 TS 和主回路变压器 TR 接在同一电源上，实现触发电路与整流主电路的同步，触发脉冲应出现在电源电压正半周范围内，而且每个周期的 α 角相同，确保电路输出波形不变，输出电压稳定。

2. 脉冲移相与形成

触发变压器 TS 二次侧电压 u_s 经 VD 半波整流、稳压管 VZ 削波，形成梯形波电压，作为触发电路的供电电压，也作为同步信号。梯形波通过电阻 r 和可变电阻 R 向电容 C 充电，当充电电压达到单结晶体管的峰值电压 u_P 时，单结晶体管 VT$_2$ 导通，电容通过电阻 R_1 放电，输出脉冲。同时由于放电时间常数很小，C 两端的电压很快下降到单结晶体管的谷点电压 u_v，使 VT$_2$ 关断，C 再次充电，周而复始，在电容 C 两端呈现锯齿波形，在电阻 R_1 上输出尖脉冲。在一个梯形波周期内，VT$_2$ 可能导通、关断多次，但只有输出的第一个触发脉冲对晶闸管的触发时刻起作用。充电时间常数由电容 C、电阻 r 和可变电阻 R 决定，调节可变电阻 R 改变 C 的充电的时间，控制第一个尖脉冲的出现时刻，实现脉冲的移相控制。

单结晶体管触发电路的各主要点波形如图 1-45（b）所示。

单结晶体管移相触发电路具有简单、可靠、触发脉冲前沿陡、抗干扰能力强及温度补偿性能好等优点，但触发脉冲宽度窄，触发功率也小，所以多用于 50A 以下的小功率单相或三相半波晶闸管触发装置中。大中功率的变流器，对触发电路的精度要求较高，对输出的触发功率要求较大，故广泛采用晶闸管触发电路和集成触发电路，其中同步信号为锯齿波的触发电路应用较多，锯齿波的触发电路将在后续任务中讲解。

知识拓展　晶闸管的串并联使用

为了满足高耐压、大电流的要求，就必须采取晶闸管的容量扩展技术，即用多个晶闸管串联来满足高电压要求，用多个晶闸管并联来满足大电流要求，甚至可以采取晶闸管装置的串并联来满足要求。

1. 晶闸管的串联

当要求晶闸管应有的电压值大于单个晶闸管的额定电压时，可以用两个以上同型号的晶闸管相串联。由于器件参数存在离散性，同型号管子串联后阳极反向耐压截止时，流过反向漏电流虽然一样，但每只管子实际承受的反向阳极电压却不同，出现了串联不均压的问题。如图 1-46（a）所示，严重时可能造成器件损坏，因此还要采用均压措施。均压措施采用静态均压和动态均压。

（1）静态均压。

静态均压的方法是在串联的晶闸管上并联阻值相等的电阻 R_j，如图 1-46（b）所示。均压电阻 R_j 能使平稳的直流或变化缓慢的电压均匀分配在串联的各个晶闸管上。

（2）动态均压。

晶闸管在导通和关断过程中，瞬时电压的分配决定于各晶闸管的结电容、导通与关断时间及外部脉冲等因素，所以静态均压方法不能实现串联晶闸管的动态均压。动态均压的

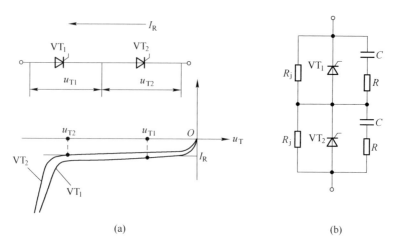

图 1-46　串联时反向电压分配和均压措施

（a）反向电压分配不均；（b）均压措施

方法是在串联的晶闸管上并联等值的电容 C，但为了限制管子开通时，电容放电产生过大的电流上升率，并防止因并接电容使电路产生振荡，通常在并接电容的支路串接电阻 R，成为 RC 支路，如图 1-46（b）所示。在实际线路中，晶闸管的两端都并联了 RC 吸收电路，在晶闸管串联均压时不必另接 RC 电路了。

虽然采取了均压措施，但仍然不可能完全均压，因此在选择每个管子的额定电压时，应按下式计算

$$U_{Tn} = \frac{(2 \sim 3)U_{TM}}{(0.8 \sim 0.9)n}$$

式中，n 为串联元件的个数；0.8~0.9 为考虑不均压因素的计算系数。

2. 晶闸管的并联

当要求晶闸管应有的电流值大于单个晶闸管的额定电流时，就需要将两个以上的同型号的晶闸管并联使用。虽然并联的晶闸管必须都是同一型号的，但由于器件参数的离散性，晶闸管正向导通时，承受相同的阳极电压，但每只管子实际流过的正向阳极电流却不同，出现了不均流问题，如图 1-47（a）所示，因此还要采用均流措施。均流措施分为电阻均流和电抗均流。

（1）电阻均流。

电阻均流是在并联的晶闸管中串联电阻，如图 1-47（b）所示。由于电阻功耗较大，所以此方法只适用于小电流晶闸管。

（2）电抗均流。

电抗均流是用一个电抗器接在两个并联的晶闸管电路中，均流原理是利用电抗器中感应电动势的作用，使管子的电流大的支路电流有减小的趋势，使管子电流小的支路电流有增大的趋势，达到均流，如图 1-47（c）所示。

晶闸管并联后，尽管采取了均流措施，电流也不可能完全平均分配，因而选择晶闸管

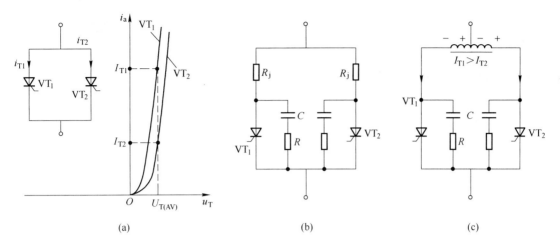

图 1-47　并联时电流分配和均流措施

（a）电流分配不均；（b）电阻均流；（c）电抗均流

额定电流时，应按下式计算

$$I_{T(AV)} = \frac{(1.5 \sim 2)I_{TM}}{(0.8 \sim 0.9)1.57n}$$

式中，n 为并联元件的个数；$0.8 \sim 0.9$ 为考虑不均流因素的计算系数。

晶闸管串、并联时，除了选用特性尽量一致的管子外，管子的开通时间也要尽量一致，因此要求触发脉冲前沿要陡，幅值要大的强触发脉冲。

3. 晶闸管装置串并联

在高电压、大电流变流装置中，还广泛采用图 1-48 所示的变压器二次绕组分组分别对独立的整流装置供电，然后整流装置成组串联（适用于高电压），成组并联（适用于大电流），使整流指标更好。

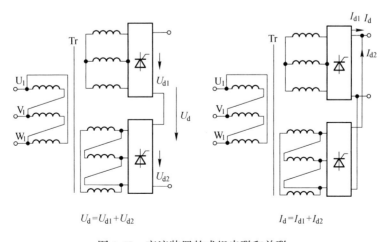

$U_d = U_{d1} + U_{d2}$　　　　　　　$I_d = I_{d1} + I_{d2}$

图 1-48　变流装置的成组串联和并联

实 践 提 高

扫一扫查看
晶闸管性能的
简单测试

实训 1 晶闸管性能的简单测试

1. 实训目的

（1）认识晶闸管的外形结构，能辨别晶闸管的型号。

（2）掌握测试晶闸管好坏的方法。

2. 实训所需挂件及附件（见表 1-9）

表 1-9 实训所需挂件及附件

序 号	型 号	备 注
1	DJK02 晶闸管主电路	该挂件包含"晶闸管"
2	万用表	自备

3. 实训步骤

（1）测量阳极与阴极之间的电阻。

1）万用表挡位置于 $R\times1k\Omega$ 挡或 $R\times10k\Omega$ 挡。将黑表笔接在晶闸管的阳极，红表笔接在晶闸管的阴极，测量阳极与阴极之间的正向电阻 R_{AK}，观察指针摆动如图 1-49 所示。

2）将表笔对换，将红表笔接在晶闸管的阳极，黑表笔接在晶闸管的阴极，测量阴极与阳极之间的反向电阻 R_{KA}，观察指针摆动，如图 1-50 所示。

结果：正反向电阻均很大。

原因：晶闸管是 4 层 3 端半导体器件，在阳极和阴极间有 3 个 PN 结，无论加何电压，总有 1 个 PN 结处于反向阻断状态，因此正反向阻值均很大。

如果测得 A、K 之间的正反向电阻为零或者阻值很小，说明晶闸管内部击穿或者漏电。

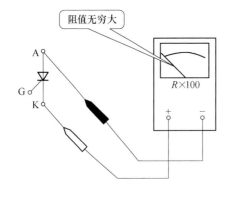

图 1-49 测量阳极和阴极间正向电阻

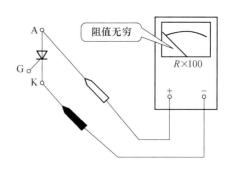

图 1-50 测量阳极和阴极间反向电阻

（2）测量门极与阴极之间的电阻。

1）万用表挡位置于 $R\times10\Omega$ 挡或 $R\times100\Omega$ 挡，将黑表笔接晶闸管的门极，红表笔接晶闸管的阴极，测量门极与阴极之间的正向电阻 R_{GK}，观察指针摆动，如图 1-51 所示。

2）将表笔对换，将红表笔接晶闸管的门极，黑表笔接晶闸管的阴极，测量阴极与门极之间的反向电阻 R_{KG}，观察指针摆动，如图 1-52 所示。

结果：两次测量的阻值均不大，但前者小于后者。

原因：在晶闸管内部控制极和阴极之间反并联了一个二极管，对加在控制极和阴极之间的反向电压进行限幅，防止晶闸管控制极与阴极之间的 PN 结反向击穿。

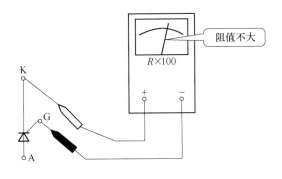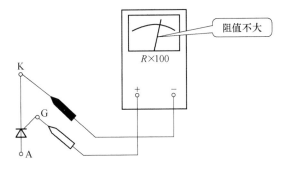

图 1-51 测量门极和阴极间正向电阻　　　　图 1-52 测量门极和阴极间反向电阻

根据晶闸管的测试要求和方法，用万用表认真测量晶闸管各引脚之间的电阻值并记录在表 1-10 中。

表 1-10 晶闸管测量记录表

项目	正向电阻 R_{AK}	反向电阻 R_{KA}	正向电阻 R_{GK}	反向电阻 R_{KG}	结论
1					
2					
3					

实训 2 单结晶体管触发电路的调试

1. 实训目的

（1）熟悉单结晶体管触发电路的工作原理及电路中各元件的作用。

（2）掌握单结晶体管触发电路的调试步骤和方法。

2. 实训所需挂件及附件（见表 1-11）

扫一扫查看
单结晶体管
触发电路的调试

表 1-11 实训所需挂件及附件

序　号	型　号	备　注
1	DJK01 电源控制屏	该控制屏包含"三相电源输出"等几个模块
2	DJK03-1 晶闸管触发电路	该挂件包含"单结晶体管触发电路"等模块
3	双踪示波器	自备

3. 实训电路及原理

如图 1-53 所示，V_6 为单结晶体管，其常用的型号有 BT33 和 BT35 两种，由 R_7、V_5

和 C_1 组成 RC 充电回路，由 C_1—V_6—脉冲变压器组成电容放电回路，调节 RP_1 即可改变 C_1 充电回路中的等效电阻。

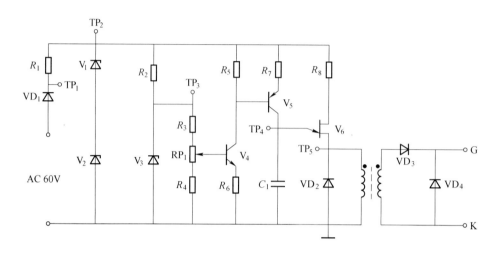

图 1-53 单结晶体管触发实训电路原理图

工作原理：

由同步变压器副边输出 60V 的交流同步电压，经 VD_1 半波整流，再由稳压管 V_1、V_2 进行削波，从而得到梯形波电压，其过零点与电源电压的过零点同步，梯形波通过 R_7 和 V_5 向电容 C_1 充电，当充电电压达到单结晶体管的峰值电压 U_P 时，单结晶体管 V_6 导通，电容通过脉冲变压器原边放电，脉冲变压器副边输出脉冲。同时由于放电时间常数很小，C_1 两端的电压很快下降到单结晶体管的谷点电压 U_v，使 V_6 关断，C_1 再次充电，周而复始，在电容 C_1 两端呈现锯齿波形，在脉冲变压器副边输出尖脉冲。在一个梯形波周期内，V_6 可能导通、关断多次，但只有输出的第一个触发脉冲对晶闸管的触发时刻起作用。充电时间常数由电容 C_1 和等效电阻等决定，调节 RP_1 改变 C_1 的充电的时间，控制第一个尖脉冲的出现时刻，实现脉冲的移相控制。单结晶体管触发电路的各点波形如图 1-54 所示。

4. 实训步骤

（1）单结晶体管触发电路的观测。

将 DJK01 电源控制屏的电源选择开关打到

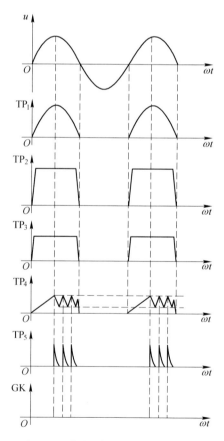

图 1-54 单结晶体管触发电路各点的
电压波形（$\alpha = 90°$）

"直流调速"侧，使输出线电压为 200V，用两根导线将 200V 交流电压接到 DJK03-1 的"外接 220V"端，按下"启动"按钮，打开 DJK03-1 电源开关，这时挂件中所有的触发电路都开始工作，用双踪示波器观察单结晶体管触发电路，经半波整流后"1"点的波形，经稳压管削波得到"2"点的波形，调节移相电位器 RP_1，观察"4"点锯齿波的周期变化及"5"点的触发脉冲波形；最后观测输出的"G"和"K"触发电压波形，其能否在 30°～170°范围内移相？

（2）单结晶体管触发电路各点波形的记录。

当 $\alpha = 30°$、60°、90°、120°时，将单结晶体管触发电路的各观测点波形描绘下来，并与图 1-50 的各波形进行比较。

实训 3　单相半波可控整流电路的连接与调试

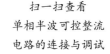

扫一扫查看
单相半波可控整流
电路的连接与调试

1. 实训目的

（1）掌握单结晶体管触发电路的调试步骤和方法。

（2）掌握单相半波可控整流电路在电阻负载及电阻电感性负载时的工作。

（3）了解续流二极管的作用。

2. 实训所需挂件及附件（见表 1-12）

表 1-12　实训所需挂件及附件

序号	型　号	备　注
1	DJK01 电源控制屏	该控制屏包含"三相电源输出"和"励磁电源"等几个模块
2	DJK02 晶闸管主电路	该挂件包含"晶闸管"，以及"电感"等几个模块
3	DJK03-1 晶闸管触发电路	该挂件包含"单结晶体管触发电路"模块
4	DJK06 给定及实验器件	该挂件包含"二极管"等几个模块
5	D42 三相可调电阻	
6	双踪示波器	自备
7	万用表	自备

3. 实训电路及原理

单结晶体管触发电路的工作原理及线路图已实训 2 中做过介绍。将 DJK03-1 挂件上的单结晶体管触发电路的输出端"G"和"K"接到 DJK02 挂件面板上的反桥中的任意一个晶闸管的门极和阴极，并将相应的触发脉冲的钮子开关关闭（防止误触发），图 1-55 中的 R 负载用 D42 三相可调电阻，将两个 900Ω 接成并联形式。二极管 VD_1 和开关 S_1 均在 DJK06 挂件上，电感 L_d 在 DJK02 面板上，有 100mH、200mH、700mH 三挡可供选择，本实验中选用 700mH。直流电压表及直流电流表从 DJK02 挂件上得到。

4. 实训步骤

（1）单结晶体管触发电路的调试。

按照实训 2 中介绍内容进行调试。

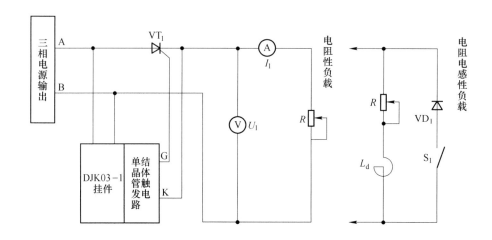

图1-55　单相半波可控整流电路

（2）单相半波可控整流电路接电阻性负载。

触发电路调试正常后，按图1-55接线。将电阻器调在最大阻值位置，按下"启动"按钮，调节电位器RP_1，用示波器观察$\alpha = 30°$、$60°$、$90°$、$120°$、$150°$时u_d、u_T的波形，并测量直流输出电压U_d和电源电压U_2，记录在表1-13中。

表1-13　记录表

α	30°	60°	90°	120°	150°
U_2（实测值）					
U_d（实测值）					
U_d（计算值）					

$$U_d = 0.45U_2(1 + \cos\alpha)/2$$

（3）单相半波可控整流电路接电阻电感性负载。

将负载电阻R改成电阻电感性负载（由电阻器与平波电抗器L_d串联而成）。暂不接续流二极管VD_1，调节电位器RP_1，用示波器观察$\alpha = 30°$、$60°$、$90°$、$120°$、$150°$时u_d、u_T的波形，并测量直流输出电压U_d和电源电压U_2，记录在表1-14中。

表1-14　记录表

α	30°	60°	90°	120°	150°
U_2（实测值）					
U_d（实测值）					

接入续流二极管VD_1，重复上述过程，记录数据填在表1-15中，观察续流二极管的作用。

表 1-15　记录表

α	30°	60°	90°	120°	150°
U_2（实测值）					
U_d（实测值）					
U_d（计算值）					

巩固与提高

1. 晶闸管导通的条件是什么？导通后流过晶闸管的电流由什么决定？晶闸管的关断条件是什么？如何实现？晶闸管导通与阻断时其两端电压各为多少？

2. 说明晶闸管型号 KP100-8E 代表的意义。

3. 晶闸管的额定电流和其他电气设备的额定电流有什么不同？

4. 画出图 1-56 所示电路电阻 R_d 上的电压波形。

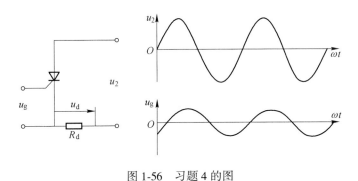

图 1-56　习题 4 的图

5. 型号为 KP100-3、维持电流 $I_H = 3\text{mA}$ 的晶闸管，使用在图 1-57 所示的 3 个电路中是否合理？为什么（不考虑电压、电流裕量）？

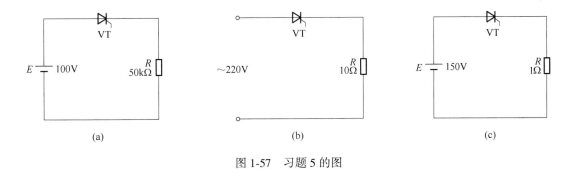

图 1-57　习题 5 的图

6. 某晶闸管元件测得 $U_{DRM} = 840\text{V}$，$U_{RRM} = 980\text{V}$，试确定此晶闸管的额定电压是多少？

7. 有些晶闸管触发导通后，触发脉冲结束时它又关断是什么原因？

8. 单结晶体管自激振荡电路是根据单结晶体管的什么特性组成工作的？振荡频率的

高低与什么因素有关？

9. 用分压比为 0.6 的单结晶体管组成振荡电路，若 $U_{bb} = 20V$，则峰点电压 U_P 为多少？如果管子的 b_1 脚虚焊，电容两端的电压为多少？如果是 b_2 脚虚焊（b_1 脚正常），电容两端电压又为多少？

10. 单结晶体管触发电路中，触发脉冲移相范围是多少？请说明原因。

11. 晶闸管装置对门极触发电路的一般要求？

12. 单相半波可控整流电路，如门极不加触发脉冲，晶闸管内部短路，晶闸管内部断开，试分析上述 3 种情况下晶闸管两端电压和负载两端电压波形。

13. 有一单相半波可控整流电路，带电阻性负载 $R_d = 10\Omega$，交流电源直接从 220V 电网获得，试求：

（1）输出电压平均值 U_d 的调节范围；

（2）计算晶闸管电压与电流并选择晶闸管。

14. 画出单相半波可控整流电路，当 $\alpha = 60°$ 时，以下三种情况的 u_d、i_d 及 u_T 的波形。

（1）电阻性负载。

（2）大电感负载不接续流二极管。

（3）大电感负载接续流二极管。

15. 某电阻性负载要求 0~24V 直流电压，最大负载电流 $I_d = 30A$，如用 220V 交流直接供电与用变压器降压到 60V 供电，都采用单相半波整流电路，是否都能满足要求？试比较两种供电方案所选晶闸管的导通角、额定电压、额定电流值以及电源和变压器二次侧的功率因数和对电源的容量的要求有何不同、两种方案哪种更合理（考虑 2 倍裕量）？

16. 在例 1-4（见图 1-39）电路中，如电路原先运行正常，突然发现电机电压很低，经检查，晶闸管触发电路以及熔断器均正常，试问是何原因？

模块 2 直流调试装置的认识和调试

模块引入

内圆磨床是应用最广泛的磨床。在内圆磨床上可磨削各种轴类和套筒类工件的内圆柱面、内圆锥面及台阶轴端面等，内圆磨床主要用于磨削圆柱孔和小于 60° 的圆锥孔，它被广泛用于单件小批生产车间、工具车间和机修车间。图 2-1 为常见内圆磨床。

图 2-1 常见内圆磨床

本模块将以内圆磨床中的直流调速装置为例，来学习单相桥式可控整流电路和有源逆变电路在直流调速装置中的应用。图 2-2 为内圆磨床主轴电动机直流调速装置电气线路图，图中机床主轴电动机采用晶闸管单相桥式半控整流电路供电的直流电动机调速装置，控制回路则采用了结构简单的单结晶体管触发电路，单结晶体管触发电路在前面已详细介绍。下面具体分析与该电路有关的知识。

学习目标

（1）掌握单相桥式全控整流电路的工作原理，并会对其进行参数计算和元器件的选择。

（2）掌握单相桥式半控整流电路的工作原理，并会对其进行参数计算和元器件的选择。

（3）会连接和调试单相桥式可控整流电路。

（4）掌握有源逆变电路的工作原理。

（5）会连接和调试有源逆变电路。

（6）了解锯齿波同步触发电路的工作原理。

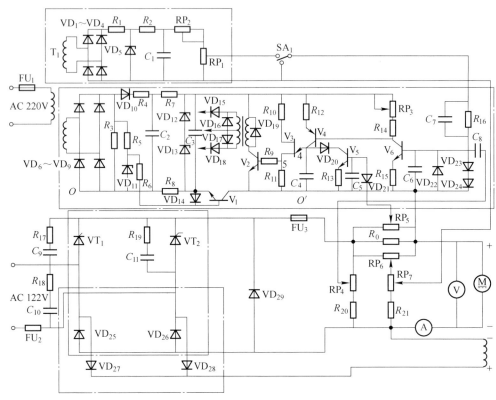

图 2-2　内圆磨床主轴电动机直流调速装置电气线路图

任务 2.1　单相桥式全控整流电路

单相半波可控整流电路的优点是：整流电路简单，只用一个晶闸管，输出电压调整方便，脉冲控制电路简单，只适用于小容量、装置体积要求小、重量轻等技术要求不高的场合。存在的问题是：在一个周期里输出电压脉动大，电阻性负载电流脉动大，相同的直流电流时，要求选择晶闸管的额定电流较大，导线截面、变压器和电源的容量增大；如果不用变压器，则交流回路中有直流电流流过，引起电网额外的损耗、波形畸变；如果采用变压器，变压器二次绕组中存在直流电流分量，造成变压器铁心直流磁化。为克服以上缺点，可以采用单相桥式可控整流电路，它分为单相桥式全控整流电路和单相桥式半控整流电路。

2.1.1　电阻性负载

单相桥式全控整流电路带电阻性负载的电路和工作波形如图 2-3 所示。

1. 电路结构

单相桥式全控可控整流电路是由整流变压器、负载和 4 只晶闸管组成。晶闸管 VT_1 和 VT_2 的阴极接在一起，称为共阴极接法，VT_3 和 VT_4

扫一扫查看
单相桥式全控整流
电路电阻性负载

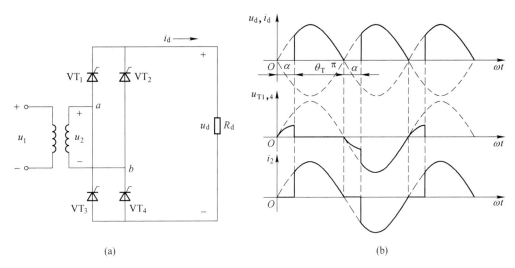

图 2-3　单相桥式全控整流带电阻性负载的电路和工作波形

（a）电路图；（b）波形图

的阳极接在一起，称为共阳极接法。电路中由 VT_1、VT_4 和 VT_2、VT_3 构成两个桥臂，对应的触发脉冲 u_{g1} 和 u_{g4}、u_{g2} 和 u_{g3} 必须成对出现，且两组门极触发脉冲信号相位相差 $180°$。

2. 工作原理

在交流电源的正半周区间，即 a 端为正，b 端为负，VT_1 和 VT_4 会承受正向阳极电压，在相当于控制角 $α$ 的时刻给 VT_1 和 VT_4 同时加脉冲，则 VT_1 和 VT_4 会导通。此时，电流 i_d 从电源 a 端经 VT_1、负载 R_d 及 VT_4 回电源 b 端，负载上得到的电压 u_d 为电源电压 u_2（忽略了 VT_1 和 VT_4 的导通电压降），方向为上正下负，VT_2 和 VT_3 则因为 VT_1 和 VT_4 的导通而承受反向的电源电压 u_2 而不导通。因为是电阻性负载，所以电流 i_d 也跟随电压的变化而变化。当电源电压 u_2 过零时，电流 i_d 也降为零，即两只晶闸管的阳极电流降低为零，故 VT_1 和 VT_4 会因电流小于维持电流而关断。

在交流电源负半周区间，a 端为负，b 端为正，晶闸管 VT_2 和 VT_3 会承受正向阳极电压，在相当于控制角 $α$ 的时刻给 VT_2 和 VT_3 同时加脉冲，则 VT_2 和 VT_3 被触发导通。电流 i_d 从电源 b 端经 VT_2、负载 R_d 及 VT_3 流回电源 a 端，负载上得到电压 u_d 仍为电源电压 u_2，方向仍为上正下负，与正半周一致。此时，VT_1 和 VT_4 则因为 VT_2 和 VT_3 的导通而承受反向的电源电压 u_2 而处于截止状态。直到电源电压负半周结束，电源电压 u_2 过零时，电流 i_d 也过零，使得 VT_2 和 VT_3 关断。下一周期重复上述过程。

从图 2-3 中可以看出，负载上的直流输出电压 u_d 比单相半波时多了一倍，负载电流 i_d 的波形与电压 u_d 的波形相似，晶闸管的控制角 $α$ 可在 $0° \sim 180°$ 移动。由晶闸管所承受的电压 u_T 可以看出，其导通角 $θ_T = π - α$，除在晶闸管导通期间不受电压外，当一组管子导通时，电源电压 u_2 将全部加在未导通的晶闸管上，而在 4 只管子都不导通时，则每只管子将承受电源电压的一半。因此晶闸管承受的最大反向电压为 $\sqrt{2}U$，而其承受的最大正

向电压为 $\frac{\sqrt{2}}{2}U_2$。

电阻性负载上正负半波内均有相同方向电流流过，从而使直流输出电压、电流的脉动程度较前述单相半波得到了改善。变压器二次绕组在正负半周内均有大小相等、方向相反的电流流过，平均值为零，即直流分量为零，不存在变压器直流磁化问题，从而改善了变压器的工作状态，并提高了变压器的利用率。

3. 相关参数计算

（1）输出直流电压的平均值 U_d 和输出直流电流平均值 I_d。

$$U_d = \frac{1}{\pi}\int_\alpha^\pi \sqrt{2}U_2\sin\omega t\,\mathrm{d}(\omega t) = \frac{\sqrt{2}U_2}{\pi}(1 + \cos\alpha) = 0.9U_2\frac{1 + \cos\alpha}{2}$$

$$I_d = \frac{U_d}{R_d}$$

输出直流电压平均值是单相半波时的 2 倍。当 $\alpha = 0°$ 时，相当于不可控桥式整流，此时输出电压最大，即 $U_d = 0.9U_2$。当 $\alpha = \pi$ 时，输出电压为零，故晶闸管的可控移相范围为 $0 \sim \pi$。

（2）输出电压有效值 U 与输出电流有效值 I。

$$U = \sqrt{\frac{1}{\pi}\int_0^\pi (\sqrt{2}U_2\sin\omega t)^2\mathrm{d}(\omega t)} = U_2\sqrt{\frac{\sin2\alpha}{2\pi} + \frac{\pi - \alpha}{\pi}}$$

$$I = \frac{U}{R_d}$$

输出电压有效值是单相半波的 $\sqrt{2}$ 倍。

（3）流过晶闸管的电流平均值 I_{dT} 和有效值 I_T。

由于晶闸管 VT_1、VT_4 和 VT_2、VT_3 在电路中是轮流导通的，因此流过每个晶闸管的平均电流只有负载上平均电流 I_d 的一半。

$$I_{dT} = \frac{1}{2}I_d = 0.45\frac{U_2}{R_d}\left(\frac{1 + \cos\alpha}{2}\right)$$

为了选择晶闸管、变压器容量、导线截面积等定额，需考虑发热问题，为此需计算电流有效值，即流过每只晶闸管的电流的有效值为

$$I_T = \sqrt{\frac{1}{2\pi}\int_\alpha^\pi \left(\frac{\sqrt{2}U_2\sin\omega t}{R_d}\right)^2\mathrm{d}(\omega t)} = \frac{U_2}{\sqrt{2}R_d}\sqrt{\frac{1}{2\pi}\sin2\alpha + \frac{\pi - \alpha}{\pi}} = \frac{1}{\sqrt{2}}I$$

（4）晶闸管承受的最大电压 $U_{TM} = \sqrt{2}U_2$，α 的移相范围为 $0 \sim \pi$。

（5）若不考虑变压器的损耗时，则要求变压器的容量为：

$$S = U_2I_2$$

（6）在一个周期内，电流通过变压器两次向负载提供能量，因此负载电流有效值 I 与变压器二次侧电流有效值 I_2 相同。功率因数为：

$$\cos\phi = \frac{P}{S} = \frac{UI}{U_2I} = \sqrt{\frac{\sin2\alpha}{2\pi} + \frac{\pi - \alpha}{\pi}}$$

通过上述分析可知，电阻性负载时，对单相桥式全控整流电路与单相半波可控整流电路可做如下比较：控制角的范围相等，均为 $0 \sim \pi$；输出电压平均值是半波整流电路的 2 倍；在相同的负载功率下，流过晶闸管的平均电流减小一半，功率因数提高了 2 倍。计算公式总结见表 2-1。

表 2-1　单相桥式全控整流带电阻性负载电路的主要公式

电 路 参 数	计 算 公 式
输出直流电压的平均值 U_d	$U_d = 0.9 U_2 \dfrac{1 + \cos\alpha}{2}$
输出直流电流平均值 I_d	$I_d = \dfrac{U_d}{R_d}$
输出电压有效值 U	$U = U_2 \sqrt{\dfrac{\sin 2\alpha}{2\pi} + \dfrac{\pi - \alpha}{\pi}}$
输出电流有效值 I	$I = \dfrac{U}{R_d}$
流过晶闸管的电流平均值 I_{dT}	$I_{dT} = \dfrac{1}{2} I_d$
流过晶闸管的电流有效值 I_T	$I_T = \dfrac{1}{\sqrt{2}} I$
晶闸管承受的最大电压 U_{TM}	$U_{TM} = \sqrt{2} U_2$
变压器的容量 S	$S = U_2 I_2$
功率因数 $\cos\phi$	$\cos\phi = \sqrt{\dfrac{\sin 2\alpha}{2\pi} + \dfrac{\pi - \alpha}{\pi}}$
晶闸管的控制角 α 和导通角 θ_T	控制角 α 移相范围 $0 \sim \pi$； 导通角 $\theta_T = \pi - \alpha$

【例 2-1】　单相桥式全控整流电路给电阻性负载供电，要求整流输出电压 U_d 能在 $0 \sim 100\text{V}$ 连续可调，负载最大电流为 20A。由 220V 交流电网直接供电时，计算晶闸管的控制角和电流有效值、电源容量及 $U_d = 30\text{V}$ 时电源的功率因数。

解：当 $U_d = 100\text{V}$ 时，由于 $U_d = 0.9 U_2 \dfrac{1 + \cos\alpha}{2}$，可得

$$\cos\alpha = \frac{2 U_d}{0.9 U_2} - 1 = 0.0101 \Rightarrow \alpha = 89.4°$$

当 $U_d = 0\text{V}$ 时，$\alpha = 180°$，所以控制角在 $89.4° \sim 180°$ 变化。

负载电流有效值为

$$I = \frac{U_2}{R_d} \sqrt{\frac{1}{2\pi} \sin 2\alpha + \frac{\pi - \alpha}{\pi}}$$

其中

$$R_d = \frac{U_{d\max}}{I_{d\max}} = \frac{100}{20} = 5\Omega$$

当 $\alpha = 89.4°$ 时，$I = 31\text{A}$，流过晶闸管的电流有效值为

$$I_T = \frac{1}{\sqrt{2}}I = 22A$$

电源容量为

$$S = U_2 I = 6820V \cdot A$$

当 $U_d = 30V$ 时，$\alpha = 134.2°$，此时电源的功率因数为

$$\cos\phi = \frac{P}{S} = \frac{UI}{U_2 I} = \sqrt{\frac{\pi - \alpha}{\pi} + \frac{\sin 2\alpha}{2\pi}} = 0.48$$

由此可见，在计算晶闸管、变压器电流时应计算最大值。

2.1.2 电感性负载

单相桥式全控整流电路电感性负载电路如图 2-4（a）所示，由电感和电阻组成的负载称为电感性负载，如各种电机的励磁绕组、整流输出端接有平波电抗器的负载等。为了便于分析和计算，在电路图中通常等效为电阻与电感串联表示。假设电路电感很大（$\omega L_d \geqslant 10R_d$），输出电流连续，波形近似为一条平直的直线，电路处于稳态。

扫一扫查看
单相桥式全控整流
电路电感性负载

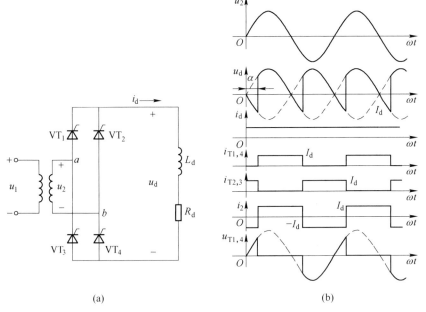

(a)　　　　　　　(b)

图 2-4　单相桥式全控整流带电感性负载的电路和工作波形

（a）电路图；（b）波形图

1. 工作原理

在电源电压 u_2 正半周时，在 α 角时刻，给触发电路给 VT_1 和 VT_4 加触发脉冲，则 VT_1、VT_4 导通，忽略管子的管压降，负载两端电压 u_d 与电源电压 u_2 正半周波形相同，$u_d = u_2$。至电源电压 u_2 过零变负时，在电感 L_d 作用下，自感电动势会使 VT_1 和 VT_4 的继续导通，而输出电压仍为 $u_d = u_2$，所以负载两端电压 u_d 出现负值。此时 VT_2 和 VT_3 虽然

承受正向电压，但没有触发脉冲，所以不会导通。直到在电压负半周 α 角时刻，触发电路给 VT_2 和 VT_3 加触发脉冲，VT_2、VT_3 导通，VT_1 和 VT_4 因 VT_2 和 VT_3 的导通承受反向电压而关断，负载电流从 VT_1 和 VT_4 换流到 VT_2 和 VT_3。

由图 2-4(b) 的输出负载电压 u_d 与负载电流 i_d 的波形可以看出，与电阻性负载相比，u_d 的波形出现了负半周部分，i_d 的波形则是连续的，近似为一条直线，这是由于电感中的电流不能突变，电感起到了平波的作用，电感越大则电流越平稳。而流过每一只晶闸管的电流则近似为方波。变压器二次侧电流 i_2 波形为正负对称的方波。由流过晶闸管的电流 i_T 波形和负载电流 i_d 波形可以看出，两组管子轮流导通，且电流连续，故每只晶闸管的导通时间较电阻性负载时延长了，导通角 $\theta_T = \pi$，与 α 无关。

2. 相关参数计算

（1）输出直流平均电压 U_d 和输出直流电流平均值 I_d。

$$U_d = \frac{1}{\pi} \int_{\alpha}^{\pi+\alpha} \sqrt{2} U_2 \sin\omega t \, \mathrm{d}(\omega t) = \frac{2\sqrt{2}}{\pi} U_2 \cos\alpha = 0.9 U_2 \cos\alpha$$

$$I_d = \frac{U_d}{R_d}$$

当 $\alpha = 0°$ 时，此时输出电压 U_d 最大，即 $U_d = 0.9 U_2$。当 $\alpha = \pi/2$ 时，输出电压为零，故晶闸管的可控移相范围为 $0 \sim \pi/2$。

（2）晶闸管的电流平均值 I_{dT} 和有效值 I_T。

$$I_{dT} = \frac{1}{2} I_d$$

$$I_T = \frac{1}{\sqrt{2}} I_d$$

（3）晶闸管可能承受到的最大正、反向电压 $U_{TM} = \sqrt{2} U_2$，α 的移相范围为 $0 \sim \pi/2$。计算公式总结见表 2-2。

表 2-2　单相桥式全控整流带电感性负载电路的主要公式

电 路 参 数	计 算 公 式
输出直流电压的平均值 U_d	$U_d = 0.9 U_2 \cos\alpha$
输出直流电流平均值 I_d	$I_d = \dfrac{U_d}{R_d}$
流过晶闸管的电流平均值 I_{dT}	$I_{dT} = \dfrac{1}{2} I_d$
流过晶闸管的电流有效值 I_T	$I_T = \dfrac{1}{\sqrt{2}} I_d$
晶闸管承受的最大电压 U_{TM}	$U_{TM} = \sqrt{2} U_2$
晶闸管的控制角 α 和导通角 θ_T	控制角 α 移相范围 $0 \sim \pi/2$；导通角 $\theta_T = \pi$

2.1.3　接续流二极管

为了扩大移相范围，使 u_d 波形不出现负值且输出电流更加平稳，可在负载两端并接续流二极管，如图 2-5 所示。接续流管后，α 的移相范围可扩大到 0 ~ π。α 在这区间内变化，只要电感量足够大，输出电流 i_d 就可保持连续且平稳。

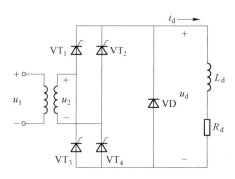

图 2-5   并接续流二极管的单相桥式全控桥

1. 工作原理

电源电压 u_2 正半周，在 α 时刻触发 VT_1 和 VT_4 导通，负载两端电压 u_d 与电源电压 u_2 正半周波形相同，电流方向与没接续流二极管时相同。忽略管子的管压降，晶闸管两端电压为 0。电源电压 u_2 过零变负时，续流二极管 VD 承受正向电压而导通，晶闸管 VT_1 和 VT_4 承受反向电压而关断，忽略续流二极管的管压降，负载两端电压 u_d 为 0。此时负载电流不再流回电源，而是经过续流二极管 VD 进行续流，释放电感中储存的能量。此时，晶闸管 VT_1 承受电源电压的一半。电源电压 u_2 负半周，在 α 时刻触发 VT_2 和 VT_3 导通，续流二极管 VD 承受反向电压关断，负载两端电压 $u_d = -u_2$，晶闸管 VT_1 承受电压等于电源电压。电源电压 u_2 过零变正时，续流二极管 VD 再次导通续流。直到晶闸管 VT_1 和 VT_4 再次触发导通。下一周期重复上述过程。

2. 相关参数计算

单相桥式全控整流带续流二极管大电感负载电路计算公式总结见表 2-3。

表 2-3   单相桥式全控整流带续流二极管大电感负载电路计算公式

电 路 参 数	计 算 公 式
输出直流电压的平均值 U_d	$U_d = 0.9U_2 \dfrac{1 + \cos\alpha}{2}$
输出直流电流平均值 I_d	$I_d = \dfrac{U_d}{R_d}$
流过晶闸管的电流平均值 I_{dT}	$I_{dT} = \dfrac{\pi - \alpha}{2\pi} I_d$
流过晶闸管的电流有效值 I_T	$I_T = \sqrt{\dfrac{\pi - \alpha}{2\pi}} I_d$
流过续流二极管电流平均值 I_{dD}	$I_{dD} = \dfrac{\alpha}{\pi} I_d$
流过续流二极管电流有效值 I_D	$I_D = \sqrt{\dfrac{\alpha}{\pi}} I_d$
晶闸管承受的最大电压 U_{TM}	$U_{TM} = \sqrt{2} U_2$
晶闸管的控制角 α 和导通角 θ_T	控制角 α 移相范围 0 ~ π； 导通角 $\theta_T = \pi - \alpha$

2.1.4   反电动势负载

反电动势负载是指本身含有直流电动势 E，且其方向对电路中的晶闸管而言是反向电压的负载，属于此类的负载有蓄电池、直流电动机的电枢等。反电动势的作用使整流电路中晶闸管导通的时间缩短，相应的负载电流出现断续，脉动程度高。为解决这一问题，往往在反电动势负载侧串接一平波电抗器，电路如图 2-6 所示。利用电感平稳电流的作用来减少负载电流的脉动，并延长晶闸管的导通时间。只要电感足够大，电流就会连续，直流输出电压和电流就与电感性负载时一样。

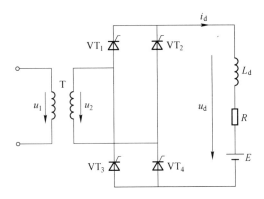

图 2-6　单相桥式全控整流带反电动势负载串联平波电抗器的电路

【例 2-2】 单相桥式全控整流电路给大电感性负载供电，已知电感足够大，电阻为 10Ω，若要求 U_d 在 $0\sim200V$ 连续可调，且 $\alpha_{min}=30°$，按不接续流二极管和接续流二极管两种情况选择晶闸管的型号。

解： 输出的最大电流为

$$I_d = \frac{200}{10} = 20A$$

（1）不接续流二极管时，有：

$$I_T = \sqrt{\frac{1}{2}} I_d = 14.1A$$

$$U_2 = \frac{U_d}{0.9\cos30°} = 257V$$

所以，晶闸管的额定电流为：

$$I_{T(AV)} = (1.5 \sim 2)\frac{I_T}{1.57} = 13.5 \sim 18A，故选 20A$$

额定电压为：

$$U_{Tn} = (2 \sim 3)U_{TM} = (2 \sim 3) \times \sqrt{2} \times 257 = 727 \sim 1090V，故选 1000V$$

所以选择型号为 KP20-10。

（2）接续流二极管时，有：

$$I_T = \sqrt{\frac{180° - 30°}{360°}} I_d = 12.9A$$

$$U_2 = 0.9U_2 \frac{1 + \cos\alpha}{2}$$

得 $U_2 = 238V$。所以晶闸管的额定电流为

$$I_{T(AV)} = (1.5 \sim 2)\frac{I_T}{1.57} = 12.3 \sim 16.4A,\ 故选 20A$$

所以选择型号为 KP20-10。

任务 2.2　单相桥式半控整流电路

扫一扫查看
单相桥式半控整流电路

在单相桥式全控整流电路中，由于每次都要同时触发两只晶闸管，因此线路较为复杂。为了简化电路，实际上可以采用一只晶闸管来控制导电回路，然后用一只整流二极管来代替另一只晶闸管。因此，把图 2-3 中的 VT_3 和 VT_4 换成二极管 VD_3 和 VD_4，就形成了单相桥式半控整流电路，如图 2-7 所示。

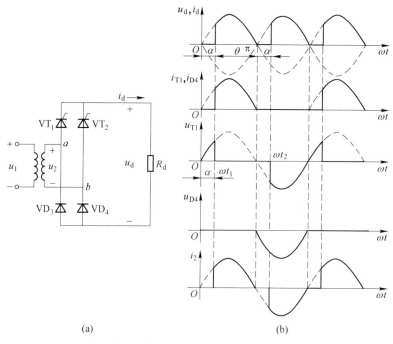

(a)　　　　　　　　　(b)

图 2-7　单相桥式半控整流带电阻性负载的电路和工作波形

（a）电路图；（b）波形图

2.2.1　电阻性负载

1. 电路结构

单相桥式半控整流电路带电阻性负载的电路和工作波形如图 2-7 所示，其工作情况与桥式全控整流电路相似，两只晶闸管仍是共阴极连接，即使同时触发两只管子，也只能是阳极电位高的晶闸管导通；而两只二极管是共阳极连接，总是阴极电位低的二极管导通。因此，在电源 u_2 正半周一定是 VD_4 正偏，在 u_2 负半周一定是 VD_3 正偏。

2. 工作原理

在电源正半周时，触发晶闸管 VT_1 导通，二极管 VD_4 正偏导通，电流由电源 a 端经

VT_1 和负载 R_d 及 VD_4 流回电源 b 端。若忽略两管的正向导通压降，则负载上得到的直流输出电压就是电源电压 u_2，即 $u_d = u_2$。在电源负半周时，触发 VT_2 导通，电流由电源 b 端经 VT_2 和负载 R_d 及 VD_3 流回电源 a 端，输出仍是 $u_d = u_2$，只是在负载上的方向没变。在负载上得到的输出波形见图 2-7(b) 所示，与全控桥带电阻性负载时是一样的。

3. 相关参数计算

单相桥式半控整流带电阻性负载电路计算公式总结见表 2-4。

表 2-4 单相桥式半控整流带电阻性负载电路的主要公式

电 路 参 数	计 算 公 式
输出直流电压的平均值 U_d	$U_d = 0.9 U_2 \dfrac{1 + \cos\alpha}{2}$
输出直流电流平均值 I_d	$I_d = \dfrac{U_d}{R_d}$
输出电压有效值 U	$U = U_2 \sqrt{\dfrac{\sin 2\alpha}{2\pi} + \dfrac{\pi - \alpha}{\pi}}$
输出电流有效值 I	$I = \dfrac{U}{R_d}$
流过晶闸管和整流二极管的电流平均值 I_{dT} 和 I_{dD}	$I_{dT} = I_{dD} = \dfrac{1}{2} I_d$
流过晶闸管和整流二极管的电流有效值 I_T 和 I_D	$I_T = I_D = \dfrac{1}{\sqrt{2}} I$
晶闸管承受的最大电压 U_{TM}	$U_{TM} = \sqrt{2} U_2$
晶闸管的控制角 α 和导通角 θ_T	控制角 α 移相范围 $0 \sim \pi$； 导通角 $\theta_T = \pi - \alpha$

【例 2-3】 单相桥式半控整流电路给电阻性负载供电，当控制角 $\alpha = 0°$ 时，输出直流电压 $U_d = 150V$，输出直流电流 $I_d = 50A$。若将输出直流电压调到 120V，则需要将控制角 α 调到多大？这时的输出直流电流是多大？

解：由单相桥式半控整流电路带电阻性负载输出直流电压平均值公式

$$U_d = 0.9 U_2 \frac{1 + \cos\alpha}{2}$$

得变压器二次侧电压的有效值

$$U_2 = \frac{2 U_d}{0.9(1 + \cos\alpha)} = \frac{2 \times 150}{0.9(1 + \cos 0°)} \approx 166.7V$$

将输出直流电压调到 120V 的控制角 α 为

$$\alpha = \arccos\left(\frac{2 U_d}{0.9 U_2} - 1\right) = \arccos\left(\frac{2 \times 120}{0.9 \times 166.7} - 1\right) \approx 53.2°$$

负载电阻为

$$R_d = \frac{U_d}{I_d} = \frac{150}{50} = 3\Omega$$

这时输出直流电流为

$$I_{d} = \frac{U_{d}}{R_{d}} = \frac{120}{3} = 40\text{A}$$

2. 2. 2　电感性负载

1. 工作原理

单相桥式半控整流电路带电感性负载时的电路如图 2-8 所示。在交流电源的正半周区间内，二极管 VD_4 处于正偏状态，在相当于控制角 α 的时刻给晶闸管加脉冲，则电源由 a 端经 VT_1 和 VD_4 向负载供电，负载上得到的电压 $u_d = u_2$，方向为上正下负。至电源 u_2 过零变负时，电感自感电动势的作用会使晶闸管继续导通，但此时二极管 VD_3 的阴极电位变得比 VD_4 的要低，所以电流由 VD_4 换流到 VD_3。此时，负载电流经 VT_1、R_d 和 VD_3 续流，而没有经过交流电源，因此负载上得到的电压为 VT_1 和 VD_3 的正向压降，接近零，这就是单相桥式半控整流电路的自然续流现象。在 u_2 负半周相同 α 角处，触发 VT_2，由于 VT_2 的阳极电位高于 VT_1 的阳极电位，所以 VT_1 换流给 VT_2，电源经 VT_2 和 VD_3 向负载供电，直流输出电压也为电源电压，方向上正下负。同样，当 u_2 由负变正时，又改为 VT_2 和 VD_4 续流，输出又为零。这个电路输出电压的波形与带电阻性负载时一样，但直流输出电流的波形由于电感的平波作用而变为一条直线。

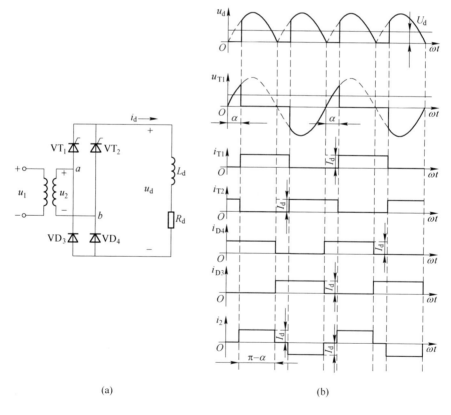

(a)　　　　　　　　　　　　　　　(b)

图 2-8　单相桥式半控整流电路带电感性负载的电路和波形图

（a）电路图；（b）波形图

2. 相关参数计算

晶闸管在触发时刻被迫换流，二极管则在电源电压过零时自然换流。整流输出电压的波形没有负半部分，与桥式全控整流电路带电阻性负载相同，控制角的移相范围为 $0° \sim 180°$，其计算公式与桥式全控带电阻性负载相同，流过晶闸管和二极管的电流都是宽度为 $180°$ 的方波，且与 α 无关，交流侧电流为正负对称的交变方波。单相桥式半控整流电路带电感性负载电路计算公式总结见表 2-5。

表 2-5　单相桥式半控整流电路带电感性负载电路的主要公式

电 路 参 数	计 算 公 式
输出直流电压的平均值 U_d	$U_d = 0.9 U_2 \dfrac{1 + \cos\alpha}{2}$
输出直流电流平均值 I_d	$I_d = \dfrac{U_d}{R_d}$
流过晶闸管的电流平均值 I_{dT}	$I_{dT} = \dfrac{1}{2} I_d$
流过晶闸管的电流有效值 I_T	$I_T = \dfrac{1}{\sqrt{2}} I_d$
晶闸管承受的最大电压 U_{TM}	$U_{TM} = \sqrt{2} U_2$
晶闸管的控制角 α 和导通角 θ_T	控制角 α 移相范围 $0 \sim \pi$； 导通角 $\theta_T = \pi$

因此可知，单相桥式半控整流电路带大电感负载时的工作特点是：晶闸管在触发时刻换流，二极管则在电源过零时刻换流；电路本身就具有自然续流作用，负载电流可以在电路内部换流，所以即使没有续流二极管，输出也没有负电压，与全控桥电路时不一样。虽然此电路看起来不用像全控桥一样接续流二极管，但实际上若突然关断触发电路或突然把控制角增大到 $180°$，电路会发生失控现象。

失控后，即使去掉触发电路，电路也会出现正在导通的晶闸管一直导通而两只二极管轮流导通的情况，使 u_d 仍会有输出，但波形是单相半波不可控的整流波形，这就是失控现象。为解决失控现象，单相桥式半控整流电路带电感性负载时，仍需在负载两端并接续流二极管 VD。这样，当电源电压过零变负时，负载电流经续流二极管续流，使直流输出接近于零，迫使原导通的晶闸管关断，这样就不会出现失控现象了。

2.2.3　接续流二极管

加续流二极管后，单相桥式半控整流电路带电感性负载的电路及波形如图 2-9 所示。参数的计算公式见表 2-6。

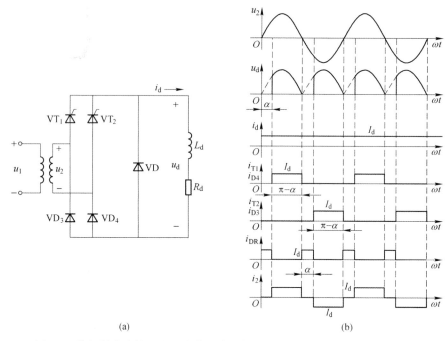

(a)　　　　　　　　　　　　　　　　(b)

图 2-9　单相桥式半控整流电路带电感性负载加续流二极管的电路和波形图

(a) 电路图；(b) 波形图

表 2-6　加续流二极管后，单相桥式半控整流电路带电感性负载的主要公式

电 路 参 数	计 算 公 式
输出直流电压的平均值 U_d	$U_d = 0.9U_2 \dfrac{1 + \cos\alpha}{2}$
输出直流电流平均值 I_d	$I_d = \dfrac{U_d}{R_d}$
流过晶闸管和整流二极管的电流平均值 I_{dT} 和 I_{dD}	$I_{dT} = I_{dD} = \dfrac{\pi - \alpha}{2\pi} I_d$
流过晶闸管和整流二极管的电流有效值 I_T 和 I_D	$I_T = I_D = \sqrt{\dfrac{\pi - \alpha}{2\pi}} I_d$
流过续流二极管的电流平均值 I_{dD}	$I_{dD} = \dfrac{\alpha}{\pi} I_d$
流过续流二极管的电流有效值 I_D	$I_D = \sqrt{\dfrac{\alpha}{\pi}} I_d$
晶闸管承受的最大电压 U_{TM}	$U_{TM} = \sqrt{2} U_2$
晶闸管的控制角 α 和导通角 θ_T	控制角 α 移相范围 $0 \sim \pi$； 导通角 $\theta_T = \pi - \alpha$

任务 2.3　有源逆变电路

在工业生产中不但需要将交流电转变为直流电，即整流；而　　扫一扫查看有源逆变电路且还需要将直流电转变为交流电，这一过程称为逆变；逆变与整流互为可逆过程。能够实现整流的晶闸管装置称为整流器；能够实现逆变的晶闸管装置称为逆变器；如果同一晶闸管装置既可以实现可控整流，又可以实现逆变，这种装置则称为变流器。

逆变电路可分为有源逆变和无源逆变（变频器）。

有源逆变的过程：直流电→逆变器→交流电→交流电网，这种将直流电变成和电网同频率的交流电并将能量回馈给电网的过程称为有源逆变。有源逆变的主要应用有：直流电动机的可逆调速、绕线转子异步电动机的串级调速、高压直流输电等。

例如，正在运行的电动机，要使它迅速停机，可让电动机作为发电机运行产生制动，将电动机动能转化为电能反送回电网。整流与有源逆变的根本区别就表现在两者能量传送方向的不同。一个可控整流电路，只要满足一定条件，也可工作于有源逆变状态。这种装置称为变流装置或变流器。

无源逆变（变频器）过程：直流电→逆变器→交流电（定频或变频）→用电器，这种将直流电变成某一频率或频率可调的交流电并供给用电器使用的过程称为无源逆变。无源逆变的主要应用有：交流电动机变频调速、不间断电源（UPS）、开关电源、中频加热炉等。

2.3.1　直流发电机—电动机系统电能的传递

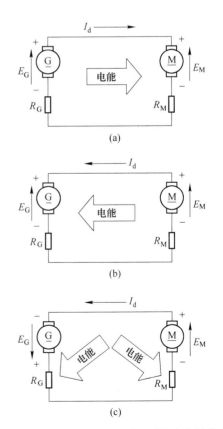

1. 电源逆串，$E_G > E_M$

如图 2-10(a)所示，两个电源同极性连接，称为电源逆串。电流总是从电动势高的流向电动势低的，回路电阻小，可在两个电动势之间交换很大功率。功率传递关系是：发电机 G（电源）输出电能，电动机 M（负载）消耗电能，作电动机运行。

$$I_d = \frac{E_G - E_M}{R_d}$$

R_d 是发电机内阻与电动机内阻之和。

2. 电源逆串，$E_G < E_M$

如图 2-10(b)所示，也是两电源同极性相连，即电源逆串。功率传递关系是：电动机 M（负载）输出电能，作发电机运行，发电机 G（电源）吸收电能。电路中的电流变换方向。

$$I_d = \frac{E_M - E_G}{R_d}$$

3. 电源顺串

如图 2-10(c)所示，两个电源是反极性相连，称为电源顺串。电动机 E_M 与电源 E_G 共同向 R_d 供电。R_d 阻值很小，电路电流非常大。

图 2-10　直流发电机—电动机系统电能的传递

实际应用不允许。两个电源共同作用在回路电阻上，而电动机与发动机的内阻都很小，则电流非常大，相当于两个电源短路。

$$I_\mathrm{d} = \frac{E_\mathrm{M} + E_\mathrm{G}}{R_\mathrm{d}}$$

结论：

（1）无论电源是顺串还是逆串，只要电流从电源正极端流出，则该电源就输出功率。

（2）两个电源逆串连接时，回路电流从电动势高的电源正极流向电动势低的电源正极。如果回路电阻很小，即使两电源电动势之差不大，也可产生足够大的回路电流，使两电源间交换很大的功率。

（3）两个电源顺串时，相当于两电源电动势相加后再通过 R_d 短路，若回路电阻 R_d 很小，则回路电流会非常大，这种情况在实际应用中应当避免。

2.3.2　有源逆变的工作原理

如图 2-11 所示，用晶闸管整流电路替代直流发电机，并且串联大电感 L_d（平波电抗器），就成了晶闸管变流装置与直流电动机负载之间进行能量交换的问题了。

当 $\alpha \leqslant 90°$ 时，整流输出的电源电压 U_d 极性是上正下负。电流 I_d 从整流器正极流出，向电动机提供电能。电动机正方向旋转，作电动机运行。电动机旋转产生反电动势 E_M，极性上正下负，$U_\mathrm{d} > E_\mathrm{M}$。此时，晶闸管变流装置工作在整流状态下，它将电源交流电转换成直流电向直流电动机供电，如图 2-12 所示。

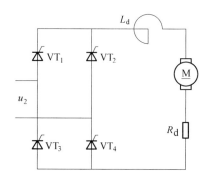
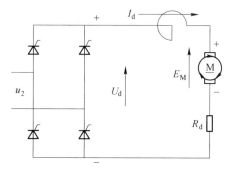

图 2-11　晶闸管整流电路替代直流发电机　　图 2-12　当 $\alpha \leqslant 90°$ 时，晶闸管变流装置工作在整流状态

当电动机需要停止或减速时，电动机转子由于惯性的作用，转速不能突变，电枢电动势极性保持上正下负，$E_\mathrm{M} > U_\mathrm{d}$。电动机可以向直流电源输出电能。但是，因晶闸管具有单向导电性，电流不能逆流，电动机的能量无法向电源传输。

用两套晶闸管变流装置Ⅰ桥和Ⅱ桥，来解决电能反向传输的问题，如图 2-13 所示。

1. 整流工作状态

图 2-13（a）中有两组单相桥式变流装置，均可通过开关 Q 与直流电动机负载相连。将开关拨向位置 1，且让晶闸管的控制角 $\alpha_\mathrm{I} < 90°$，则电路工作在整流状态，输出电压 U_dI 上正下负，波形如图 2-13（b）所示。此时，电动机作电动运行，电动机的反电动势 E 上正下负，并通过调整 α 角使 $|U_\mathrm{dI}| > |E|$，则交流电压通过Ⅰ组晶闸管输出功率，电动

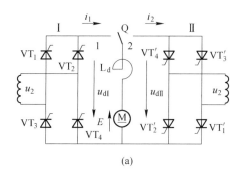

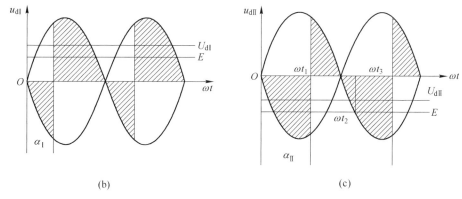

图 2-13　单相桥式变流电路整流与逆变原理

（a）电路图；（b）整流状态下的波形图；（c）逆变状态下的波形图

机吸收功率。负载中的电流 I_d 为

$$I_d = \frac{U_{dI} - E}{R_d}$$

这种情况与图 2-10(a) 相同。

2. 有源逆变工作状态

将开关 S 快速拨向位置 2。由于机械惯性，电动机正向旋转不变，则电动机的反电动势 E 方向不变，且极性仍为上正下负。此时，若仍按控制角 $\alpha_{II} < 90°$ 触发 II 组晶闸管，则输出电压 U_{dII} 为下正上负，与 E 形成两电源顺串连接。这种情况与图 2-10(c) 所示电路相同，相当于短路事故，因此不允许出现。

当开关 Q 拨向位置 2 时，同时触发脉冲控制角调整到 $\alpha_{II} > 90°$，则 II 组晶闸管输出电压 U_{dII} 为上正下负，波形如图 2-13(c)所示。当变流器工作于 $\alpha > 90°$ 的状态时，输出的直流电压平均值为负（负面积大于正面积）。假设由于惯性原因电动机转速不变，反电动势不变，并且调整 α 角使 $|U_{dII}| < |E|$，负载中电流为

$$I_d = \frac{E - |U_{dII}|}{R_d}$$

这种情况下，电动机输出功率，运行于发电制动状态，II 组晶闸管吸收功率并将功率送回交流电网。这种情况就是有源逆变。

由以上分析及输出电压波形可以看出，逆变时的输出电压与整流时相同，计算公式仍为

$$U_d = 0.9U_2\cos\alpha = 0.9U_2\cos(180° - \beta) = -0.9U_2\cos\beta$$

因为此时的控制角 α 大于 90°，使得计算出来的结果小于零，为了计算方便，我们令 $\beta = 180° - \alpha$，称 β 为逆变角。计算 β 的起始点为控制角 $\alpha = \pi$ 处，计算方法为：自 $\alpha = \pi(\beta = 0)$ 的起始点向左移 β 角来确定。

3. 有源逆变的条件

综上所述，实现有源逆变必须满足下列条件：

（1）外部条件。变流装置的直流侧必须外接电压极性与晶闸管导通方向一致的直流电源，且其值稍大于变流装置直流侧的平均电压。

（2）内部条件。变流装置必须工作在 $\beta < 90°$（即 $\alpha > 90°$）区间，使其输出直流电压极性与整流状态时相反，才能将直流功率逆变为交流功率送至交流电网。

上述两个条件必须同时具备才能实现有源逆变。

因此，同一套变流装置，当 $\alpha < 90°$ 时，工作在整流状态下；当 $\beta < 90°$（即 $\alpha > 90°$）时，工作在有源逆变状态。为了保持逆变电流连续，逆变电路中都要串接大电感，晶闸管 α 角的移相范围为 90°~180°，晶闸管导通角 θ_T 为 180°。需要指出的是，半控桥或接有续流二极管的电路，因为它们不可能输出负电压，也不允许直流侧接上直流输出反极性的直流电动势，所以此电路不能实现有源逆变。欲实现有源逆变，只能采用全控电路。

2.3.3　逆变失败和逆变角的限制

1. 变压器的漏抗

带有电源变压器的变流电路，不可避免会存在变压器绕组的漏电抗。前面讨论计算可控整流电路和有源逆变电路时，都忽略了变压器的漏抗，假设换流都是瞬时完成的，即换流时要关断的管子其电流能从 I_d 突然降到零，而刚开通的管子电流能从零瞬时上升到 I_d，输出 i_d 的波形是一水平线。但实际上变压器存在漏电感，由于电感要阻止电流变化，因此管子的换流不能瞬时完成，存在一个变化的过程。晶闸管整流电路换相时会有经过一段时间，这个过程称为换相过程。换相过程对应的时间常用电角度来表示，称为换相重叠角，用 γ 表示。

如图 2-14 所示，ωt_2 时刻，触发 VT_2、VT_3，i_1 逐渐下降到 0，i_2 逐渐上升到稳定值 I_d，到 ωt_3 时，换相结束。$\omega t_2 \sim \omega t_3$，所对应的电角度就是换相重叠角 γ。换相时，4 只晶闸管同时导通，输出电压 u_d 等于 0。变压器漏抗的存在，使输出电压降低了阴影部分的面积。一个周期换相两次，输出电压 u_d 少了两块阴影面积。

2. 逆变失败的原因

当晶闸管变流电路工作在整流状态时，若晶闸管损坏，触发脉冲丢失或熔断器烧断的后果至多是出现缺相，使直流输出电压减小。

当晶闸管变流电路工作在有源逆变状态时，若发生以上三种情况时，会使输出电压 U_d 与直流电动势 E 顺向串联，发生短路事故。即晶闸管变流装置工作在有逆变状态时，如果出现输出电压 U_d 与直流电动势 E 顺向串联，则直流电动势 E 通过晶闸管电路形成短路，由于逆变电路总电阻很小，必然形成很大的短路电流，造成事故，这种情况称为逆变失败，或称为逆变颠覆。

现以单相桥式全控有源逆变电路为例进行说明。在图 2-15 所示电路中，原本是 VT_2

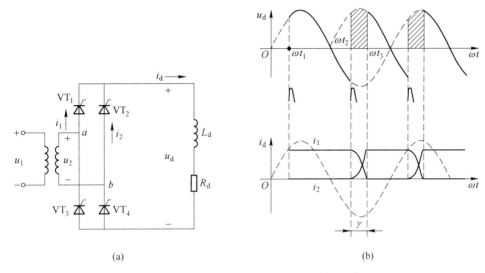

图 2-14 变压器漏抗对可控整流电路的影响

(a) 电路图；(b) 波形图

和 VT_3 导通，在换相时，应由 VT_2 和 VT_3 换相为 VT_1 和 VT_4 导通。但由于逆变角 β 太小（小于换相重叠角 γ），在换相时，两组晶闸管会同时导通；而在换相重叠完成后，已过了自然换相点，VT_1 和 VT_4 因承受反压不能导通，VT_2 和 VT_3 则承受正压继续导通，输出 U_d 为正，与直流电动势 E 顺向串联。这样就出现了逆变失败。

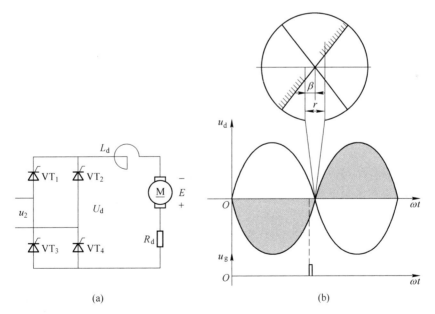

图 2-15 有源逆变换流失败

(a) 电路图；(b) 波形图

造成逆变失败的原因主要有以下几种：

（1）触发电路故障。

如触发脉冲丢失、脉冲延时等不能适时、不能准确地向晶闸管分配脉冲等情况，均会导致晶闸管不能正常换相。

（2）晶闸管故障。

如晶闸管失去正常导通或阻断能力，不能在合适的时刻导通或关断，均会导致逆变失败。

（3）交流电源突然缺相或突然消失。

由于直流电动势的存在，晶闸管仍可导通，此时变流器的交流侧由于失去了与直流电动势 E 极性相反的电压，致使直流电动势经过晶闸管形成短路。

（4）逆变角 β 取值过小。

逆变角若小于换相重叠角，即 $\beta < \gamma$，在换相重叠完成后，使得该关断的晶闸管又承受正向电压而导通，尚未导通的晶闸管则在短暂的导通之后又受反压而关断，这相当于触发脉冲丢失，造成逆变失败。

采取如下措施可预防逆变失败：采用可靠的触发电路，保证触发脉冲不丢失、不延迟；选用有足够阻断能力的晶闸管，防止误导通；β 角不能太小，无须限制在某一允许的最小角度之内。

3. 最小逆变角的限制

为保证逆变能正常工作，使晶闸管的换相能在电压负半波换相区之内完成换相，触发脉冲必须超前一定的角度，也就是说，对逆变角 β 必须要有严格的限制。

（1）换相重叠角 γ。由于整流变压器存在漏抗，使晶闸管在换相时存在换相重叠角 γ。γ 值虽电路形式、工作电流大小的不同而不同，一般取 $15° \sim 25°$。

（2）晶闸管关断时间 t_g 所对应的电角度 δ_0。晶闸管从导通到完全关断需要一定的时间，这个时间 t_g 一般由管子的参数决定，通常为 $200 \sim 300\mu s$，折合到电角度 δ_0 为 $3.6° \sim 5.4°$。

（3）安全裕量角 θ_α。由于触发电路各元件的工作状态会发生变化（如温度等的影响），使触发脉冲的间隔出现不均匀即不对称现象，再加上电源电压的波动，波形畸变等因素，因此必须留有一定的安全裕量角 θ_α，一般 θ_α 取为 $10°$ 左右。

综合以上因素，最小逆变角 $\beta_{\min} \geqslant \gamma + \delta_0 + \theta_\alpha = 30° \sim 35°$。

最小逆变角 $\beta_{\min}$ 所对应的时间即为电路提供给晶闸管保证可靠关断的时间。为防止 β 小于 $\beta_{\min}$，有时要在触发电路中设置保护电路，使减小 β 时，不能进入 $\beta < \beta_{\min}$ 的区域。此外，还可在电路中加上安全脉冲产生装置，安全脉冲位置就设在 $\beta_{\min}$ 处，一旦工作脉冲进入 $\beta_{\min}$ 处，安全脉冲保证在 $\beta_{\min}$ 处触发晶闸管。

任务 2.4　锯齿波同步触发电路

整流电路的触发电路有很多种，要根据具体的整流电路和应用场合选择不同的触发电路。实际中，常选用锯齿波同步触发电路和集成触发器。锯齿波同步触发电路可触发 200A 的晶闸管，由于同步电压采用锯齿波，不直接受电网波动与

扫一扫查看
锯齿波同步触发电路

波形畸变的影响，移相范围宽，在大中容量中得到广泛应用。集成触发器将在后面介绍。

2.4.1 锯齿波同步触发电路组成

锯齿波同步触发电路原理图如图 2-16 所示，它是由触发脉冲的形成与放大、锯齿波形成、脉冲移相、同步、强触发、双脉冲等环节组成。

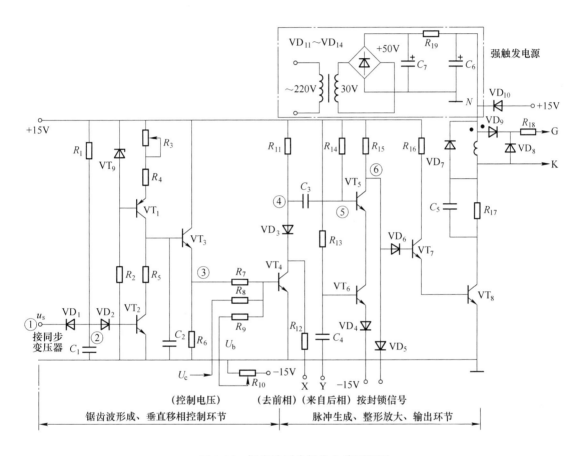

图 2-16 锯齿波同步触发电路原理图

2.4.2 锯齿波同步触发电路工作原理

在分析电路工作原理中，将晶体管、二极管均按照硅管考虑，PN 结正向导通压降为 0.7V，晶体管饱和导通压降为 0.3V。

1. 触发脉冲的形成与放大环节

脉冲形成环节由晶体管 VT_4、VT_5、VT_6 组成，复合功率放大环节由 VT_7、VT_8 组成，同步移相电压加在晶体管 VT_4 的基极，触发脉冲由脉冲变压器二次侧输出。

当 $u_{b4} < 0.7V$ 时，VT_4 截止，电源经 R_{14}、R_{13} 分别向 VT_5、VT_6 提供足够的基极电流使之饱和导通。⑥点电位约为 $-13.7V$，使 VT_7、VT_8 截止，无脉冲输出。此时电容 C_3 充电，充电回路为：电流经 $+15V$—R_{11}—C_3—VT_5—VT_6—VD_4—$-15V$。稳定时，C_3 充电电压大小为 28.3V，极性左正右负。

当 $u_{b4} \geqslant 0.7\text{V}$ 时，VT_4 导通，④点电位立即从 15V 下跳到 1V，C_3 两端电压不能突变，⑤点电位从 -13.3V 降至 -27.3V，导致 VT_5 截止。⑥点电位从 -13.7V 突变至 2.1V，于是 VT_7、VT_8 导通，有脉冲输出。与此同时，电容 C_3 反向充电，充电回路为：$+15\text{V}$—R_{14}—C_3—VD_3—VT_4—-15V，使⑤点电位从 -27.3V 逐渐上升，当⑤点电位上升到 -13.3V 时，VT_5、VT_6 又导通，于是 VT_7、VT_8 截止，输出脉冲结束。

可见，脉冲产生时刻和宽度取决于 VT_4 导通时间，并与时间常数 $\tau = C_3 R_{14}$ 有关。

2. 锯齿波形成环节

此部分环节由 VT_1、VT_2、VT_3 和 C_2 等元件组成。其中由 VT_1、VT_9、R_3、R_4 组成的恒流源电路对 C_2 充电形成锯齿波电压。当 VT_2 截止时，恒流源电流 I_{C1} 对 C_2 恒流充电，电容两端电压为 u_{C2} 按线性增长，调节电位器 R_3，可改变 I_{C1} 的大小，从而调节锯齿波斜率。当 VT_2 导通时，由于 R_4 阻值很小，C_2 迅速放电，u_{C2} 迅速降为 0V 左右，形成锯齿波下降沿。所以，只要 VT_2 周期性导通和关断，电容 C_2 两端就能得到线性很好的锯齿波电压，VT_3 是射极跟随器，所以③点电压也是一锯齿波。

3. 脉冲移相环节

此部分由 VT_4 等元件组成，VT_4 基极电压由锯齿波电压 u_{e3}、直流控制电压 U_c 和负直流偏移电压 U_b 分别经过 R_7、R_8 和 R_9 的分压值叠加而成。工作时，把负直流偏移电压 U_b 调整到某值固定后，改变直流控制电压 U_c，就能改变 u_{b4} 波形与时间横轴的交点，从而改变了 VT_4 转为导通的时刻，即改变了触发脉冲产生的时刻，达到移相的目的。电路中增加负偏移电压 U_b 的目的是调整 $U_c = 0$ 时触发脉冲的初始位置。

4. 同步环节

同步环节由同步变压器 TS 和 VT_2 等元件组成。锯齿波触发电路输出的脉冲怎样才能与主回路同步呢？由前面的分析可知，脉冲产生的时刻是由 VT_4 的导通时刻决定的（锯齿波和 U_b、U_c 之和达到 0.7V 时）。由此可见，若锯齿波的频率与主电路电源频率同步，即能使触发脉冲与主电路电源同步，锯齿波是由 VT_2 来控制，VT_2 由导通变截止期间产生锯齿波，VT_2 截止的持续时间就是锯齿波的脉宽，VT_2 的开关频率就是锯齿波的频率。这里，同步变压器 TS 和主电路整流变压器接在同一电源上，用 TS 的次级电压来控制 VT_2 的导通和截止，从而保证了触发电路发出的脉冲与主电路电源同步。

5. 强触发环节

晶闸管采用强触发可缩短开通时间，提高管子承受电流上升率的能力，有利于改善串并联元件的动态均压与均流，增加触发的可靠性。因此，在大中容量系统的触发电路中都带有强触发环节。

如图 2-16 所示，强触发环节由单相桥式整流获得近 50V 直流电压作电源，在 VT_8 导通前，50V 电源经 R_{19} 对 C_6 充电，N 点电位为 50V。当 VT_8 导通时，C_6 经脉冲变压器一次侧、R_{17} 与 VT_8 迅速放电，由于放电回路电阻很小，N 点电位迅速下降。当 N 点电位下降到低于 15V 时，VD_{10} 导通，脉冲变压器改由 $+15\text{V}$ 稳压电源供电。当 VT_8 截止时，50V 电源又通过 R_{19} 对 C_6 充电，使 N 点电位再达到 50V，为下次触发作准备。电容 C_5 是为提高 N 点触发脉冲前沿陡度而附加的。

各点波形如图 2-17 所示。

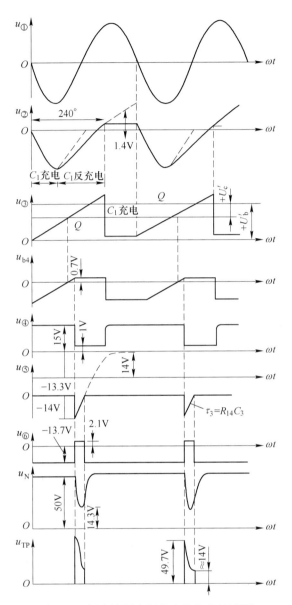

图 2-17　锯齿波同步触发电路各点波形图

6. 双脉冲形成环节

三相桥式全控电路（后面会介绍）要求双脉冲触发，相邻两个脉冲间隔为 60°，图 2-16 电路可达到此要求。晶体管 VT_5、VT_6 构成或门电路，当 VT_5、VT_6 都导通时，VT_7、VT_8 都截止，没有脉冲输出，但不论 VT_5、VT_6 哪个截止，都会使⑥点电位上升到 2.1V，VT_7、VT_8 都导通，有脉冲输出。所以只要用适当的信号来控制 VT_5 和 VT_6 前后间隔 60° 截止，就可获得双窄触发脉冲。第一个主脉冲是由本相同步移相环节送来的负脉冲信号使 VT_5 截止，送出第一个窄脉冲，而间隔 60° 的第二个辅助脉冲是由它的后相触发电路，通过 X、Y 相互连线使本相触发电路的 VT_6 截止而产生的。VD_3、R_{12} 的作用是为了防止双脉冲信号的互相干扰。

对于三相全控桥电路，三相电源 U、V、W 为正相序时，六只晶闸管的触发顺序为 VT_1—VT_2—VT_3—VT_4—VT_5—VT_6，彼此间隔 $60°$，为了得到双脉冲，6 块触发电路板的 X、Y 可按图 2-18 所示方式连接（即后相的 X 端连接前相的 Y 端）。

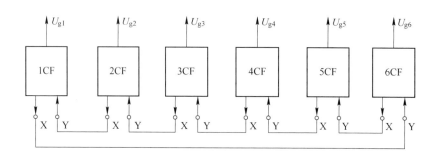

图 2-18　触发电路实现双脉冲连接的示意图

知识拓展　MATLAB 介绍

1. MATLAB 软件介绍

MATLAB 是一种适用于工程应用的各领域分析设计与复杂计算的科学计算软件，由美国 Mathworks 公司于 1984 年正式推出，经历升级，到 2000 年有了 6.0 版本，2004 年升级到 7.0 版本，此后已经升级到 9.0 以上版本。1993 年 MATLAB 中出现了 Simulink 平台，这是基于框图的仿真平台，在 Simulink 平台上，拖拉和连接典型模块（像搭建实物电路一样）就可以建立电路的仿真模型，并对模型进行运行仿真以及分析。图 2-19 所示为 MATLAB 7.0 启动界面。

2. Simulink 仿真工具简介

Simulink 是 Mathworks 公司开发的 MATLAB 仿真工具之一，其主要功能是实现动态系统建模、仿真与分析。Simulink 支持线性系统仿真和非线性系统仿真；可以进行连续系统仿真，也可以进行离散系统仿真，或者两者混合的系统仿真；同时也支持具有多种采样速率的采样系统仿真。利用 Simulink 对系统进行仿真与分析，可以对系统进行适当的实时修正或者按照仿真的最佳效果来调试及确定控制系统的参数，以提高系统的性能，减少设计系统过程中反复修改时间，从而实现高效率地开发实际系统的目标。Simulink 是用来建模、分析和仿真各种动态系统的交互环境，包括连续系统、离散系统和混杂系统。Simulink 提供了采用鼠标拖动的方法建立系统框图模型的图形交互界面。Simulink 提供了大量的功能模块以方便拥护快速地建立系统模型，建模时只需要使用鼠标拖动库中的功能模块并将它们连接起来。使用者可以通过将模块组成子系统来建立多级模型。Simulink 对模块和连接的数目没有限制。Simulink 还支持 Stateflow，用来仿真事件驱动过程。Simulink 框图提供了交互性很强的非线性仿真环境，可以通过下拉菜单执行仿真，或使用命令进行批处理。仿真结果可以在运行的同时通过示波器或图形窗口显示。

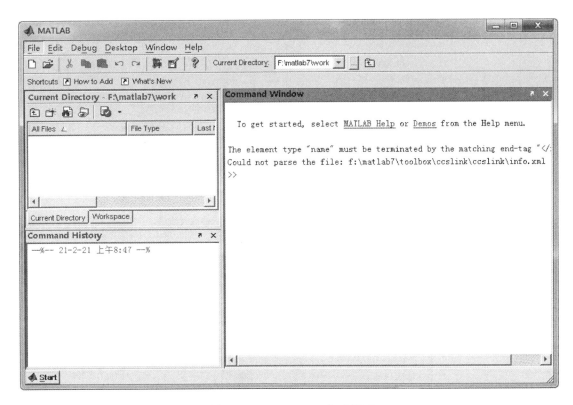

图 2-19　MATLAB 7.0 启动界面

　　Simulink 的开放式结构允许用户扩展仿真环境的功能。如用 MATLAB 、 FORTRAN 和 C 代码生成自定义块库，并拥有自己的图标和界面，或者将用户原来由 FORTRAN 或 C 语言编写的代码连接起来。

　　由于 Simulink 可以直接利用 MATLAB 的数学、图形和编程功能，用户可以直接在 Simulink 下完成数据分析、优化参数等工作。工具箱提供的高级的设计和分析能力可以通过 Simulink 的屏蔽手段在仿真过程中执行。Simulink 的模型库可以通过专用元件集进一步扩展。图 2-20 所示为 Simulink 元件库。

3. SimPowerSystems 元件库介绍

　　Simulink 电力元件在 Simulink 里的 SimPowerSystems 库。SimPowerSystems 库是在 Simulink 仿真平台进行电力、电力电子建模和仿真的专用模块库。元器件的模型都用框图来表示，该库的基本模块按顺序有 8 个部分。

　　（1）应用子库。包含"分布式电源库""特种电机库"和"柔性交流输电系统库"三个子库。

　　（2）电源子库。能提供交直流电流源电压源，可控电流源可控电压源共 7 种电源模块。

　　（3）元件子库。提供断路器、线路、变压器、互感器、串并联 *RLC* 支路及负荷等 29 种常见的电气元件模块。具有很好的综合性，只要设置模块参数，就可以得到一系列具有不同性质的元件。

图 2-20　Simulink 元件库

（4）附加子库。额外的电机模块、控制模块、离散控制模块、离散测量模块、测量模块、相量库和三相库共 7 个附加子库。

（5）电机子库。能提供异步电机、直流电机和同步电机等 16 种常用的电机模块。

（6）测量子库。提供用于检测电流、电压、阻抗等参量的 5 种测量模块，是可视化的虚拟测量仪表，直观而方便。

（7）相量子库。仅提供一个静止无功补偿器模块。

（8）电力电子子库。提供晶闸管、二极管、GTO、IGBT、三相桥式、通用桥式等 9 种电力电子常用模块。模块中的电力电子开关器件的控制方式具有多样化特点，提供了多种不同的控制信号。

Simulink 可提供一个动态系统建模、仿真和综合分析的集成环境。在该环境中，可实现动态系统建模、仿真和分析，被广泛应用于线性系统、非线性系统、数字控制及数字信号处理的建模和仿真中。无须大量书写程序，而只需要通过简单直观的鼠标操作，就可构造出复杂的系统。

Simulink 可以用连续采样时间、离散采样时间或两种混合的采样时间进行建模，它也支持多速率系统，也就是系统中的不同部分具有不同的采样速率。Simulink 只需单击和拖动鼠标操作就能完成，提供了一种更快捷、直接明了的方式，而且用户可以立即看到系统的仿真结果。图 2-21 所示为 SimPowerSystems 元件库。

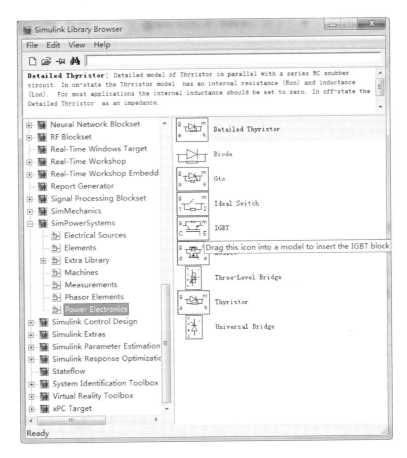

图 2-21 SimPowerSystems 元件库

实 践 提 高

扫一扫查看
单相桥式全控整流
电路的连接和调试

实训 1 单相桥式全控整流电路的连接和调试

1. 实训目的

（1）通过仿真实验熟悉单相桥式全控整流电路的电路构造及工作原理。

（2）根据仿真电路模型的实验结果观察电路的实际运行状态及输出波形。

2. 仿真步骤

（1）启动 MATLAB，进入 Simulink 后新建一个仿真模型的新文件，并布置好各元器件，如图 2-22 所示。

（2）参数设置，各模块参数的设置基本与上一实验相同，但要注意触发脉冲的给定。互为对角的两个示波器的控制角设置必须相同，否则就会烧坏晶闸管。

（3）模型仿真，设置好后，即可开始仿真。单击开始控件。仿真完成后就可以通过

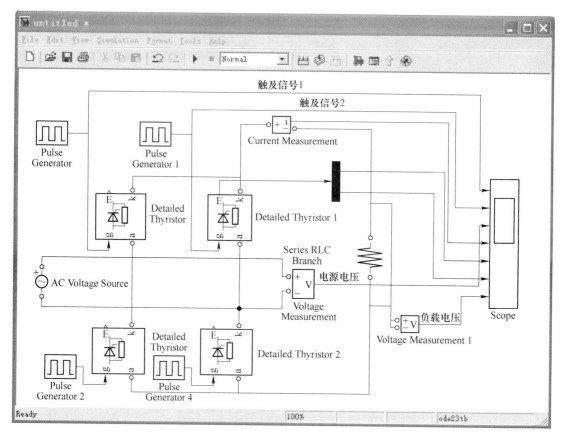

图 2-22 单相桥式全控整流电路带电阻性负载仿真图

示波器来观察仿真的结果。图 2-23 所示是分别在 0°、30°、45°和 60°时的仿真结果。

（4）电阻电感负载。带电阻电感性负载的仿真与带电阻性负载的仿真方法基本相同，但须将 RLC 的串联分支设置为电阻电感负载。本例中设置的电阻 $R = 1\Omega$，$L = 0.01\text{H}$，电容为 inf。电阻电感负载分别在 0°、30°、45°和 60°时的仿真结果如图 2-24 所示。

实训 2 单相桥式半控整流电路的连接和调试

1. 实训目的

（1）通过仿真实验熟悉单相桥式半控整流电路的电路构造及工作原理。

扫一扫查看单相桥式半控
整流电路的连接和调试

（2）根据仿真电路模型的实验结果观察电路的实际运行状态及输出波形。

2. 仿真步骤

（1）启动 MATLAB，进入 Simulink 后新建一个仿真模型的新文件。在这里可以任意添加电路元器件模块。然后对照电路系统模型，依次往文档中添加相应的模块。在此实验中，我们按表 2-7 添加模块。

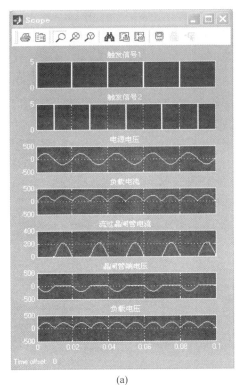

(a)

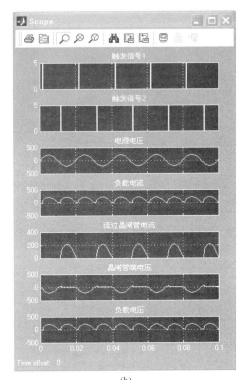

(b)

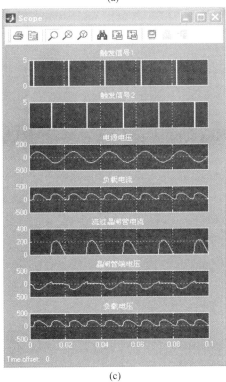

(c)

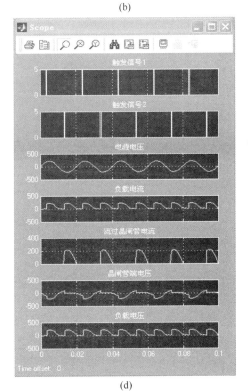

(d)

图 2-23　单相桥式全控整流电路带电阻负载输出波形图

（a）0°；（b）30°；（c）45°；（d）60°

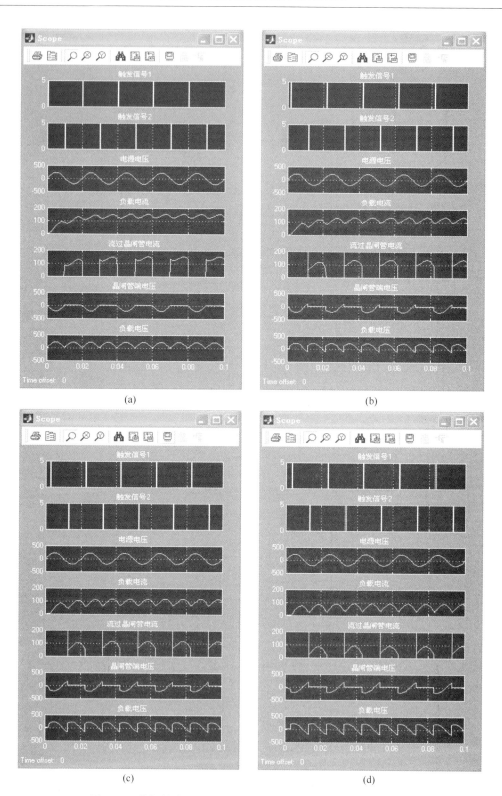

图 2-24　单相桥式全控整流电路带电阻电感性负载输出波形图

（a）0°；（b）30°；（c）45°；（d）60°

表 2-7　元器件提取位置和数量

序号	元器件名称	提取元器件位置	数量
1	交流电源	Simpowersystems / Electrical Sourse /AC Voltage sourse	1
2	脉冲触发器	Simulink / Sources / Pulse Generator	2
3	晶闸管模型	Simpowersystems /Power Electronics /Detailed Thyristor	2
4	二极管模型	Simpowersystems /Power Electronics /Diode	2
5	电流表模型	Simpowersystems /Measurements /Current Measurement	1
6	电压表模型	Simpowersystems /Measurements /Voltage Measurement	2
7	信号分解模型	Simulink /Signal Routing /Demus	1
8	*RLC* 串联电路	Simpowersystems /Elements /Series RLC Branch	1
9	示波器模型	Simulink /Sinks /Scope	1

（2）添加好模块后，要对各元器件进行布局。一个良好的布局面板，更有利于阅读系统模型及方便调试，如图 2-25 所示。

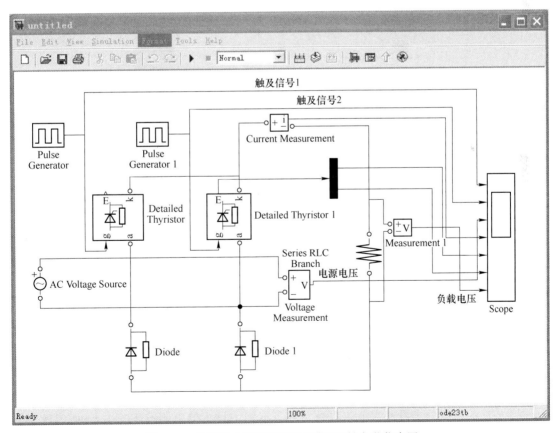

图 2-25　单相桥式半控整流电路带电阻性负载仿真图

（3）设置模块参数。依次双击各模块，在出现的对话框内设置相应的参数。

1）交流电源参数设置：电压设置为 220V，频率设为 50Hz，其他默认，如图 2-26 所示。

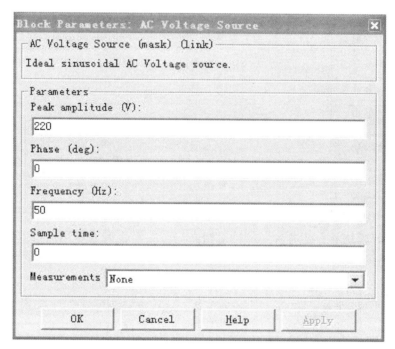

图 2-26　交流电源参数设置

2）脉冲触发器设置。振幅（amplitude）设为 5。周期（Period）设为 0.02s。脉冲宽度（pulse width）设为 2。相位延迟角（phase delay），即触发角。它的设置在调试时需要修改，以实现在不同角度触发时，观测电路各变量的波形的变化。因为它是以秒为单位，故需把角度换算成秒。其计算可按以下公式：$t = \alpha T / 360$。

例如触发角 $\alpha = 45°$，周期 $T = 0.02$，则 $t = 0.0025$，则此空中应填入 0.0025，如图 2-27 所示。

第二个触发器的设置只需触发角比第一个大 180°，即加上 0.01，其他不变。

3）示波器的设置。双击示波器，弹出示波器面板，在第一排控件栏中单击第二个控件，弹出参数设置窗口，如图 2-28 所示。

把坐标系数目设为 7，其他不必修改。Time range 是横坐标设置。

（4）模型仿真。在模型仿真时要先设置仿真参数，仿真参数的设置与实验一相同。设置好后，即可开始仿真。单击开始控件。仿真完成后就可以通过示波器来观察仿真的结果。图 2-29 是分别在 0°、30°、45° 和 60° 时的仿真结果。

（5）电阻电感负载。带电阻电感性负载的仿真与带电阻性负载的仿真方法基本相同，但须将 RLC 的串联分支设置为电阻电感负载。本例中设置的电阻 $R = 1\Omega$，$L = 0.01H$，电容为 inf。图 2-30 是电阻电感负载分别在 0°、30°、45° 和 60° 时的仿真结果。

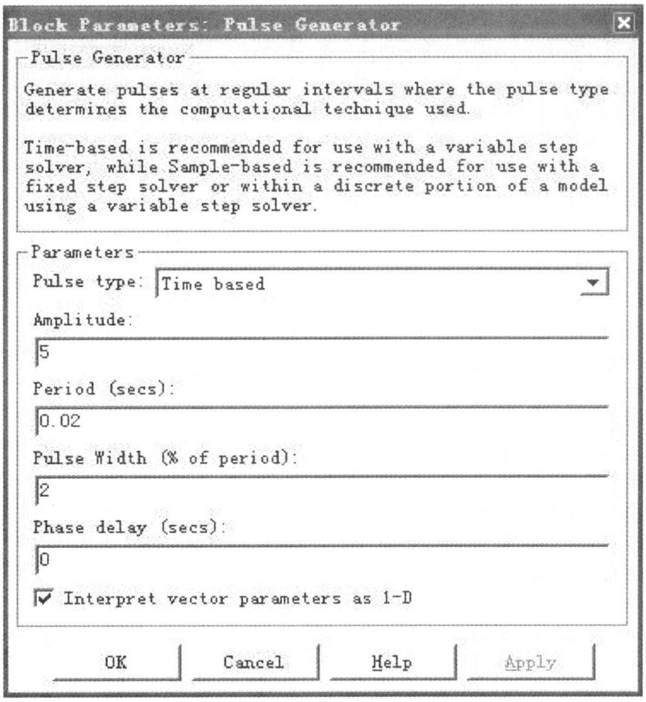

图 2-27 脉冲触发器设置

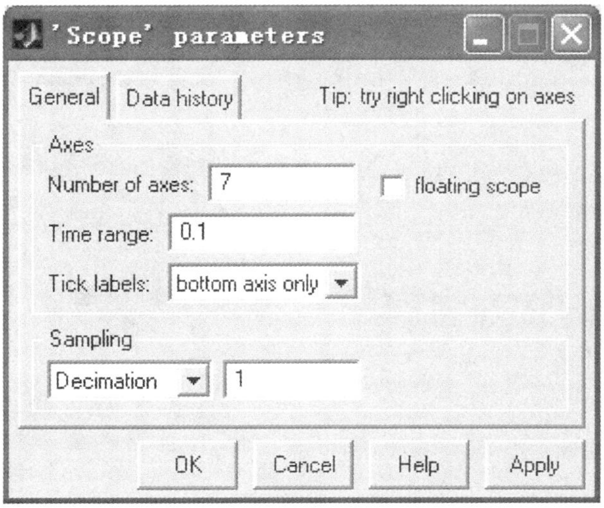

图 2-28 示波器的设置

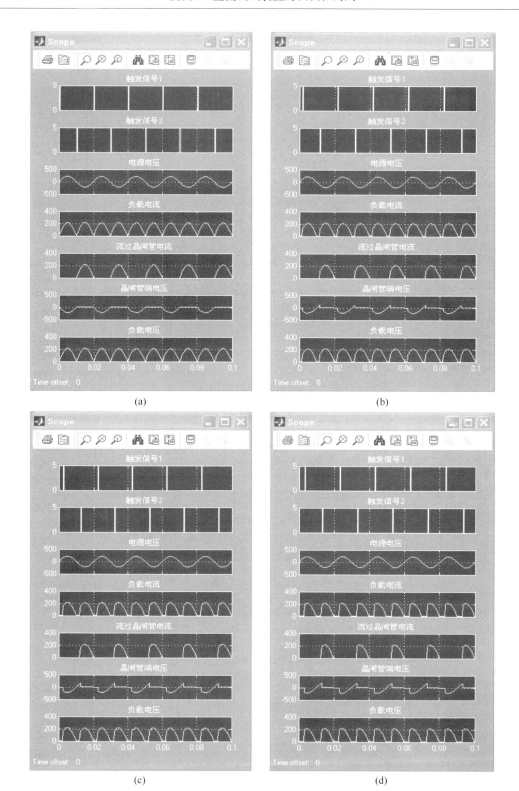

图 2-29　单相桥式半控整流电路带电阻性负载输出波形图

(a) 0°；(b) 30°；(c) 45°；(d) 60°

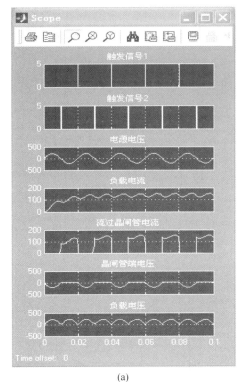

(a)

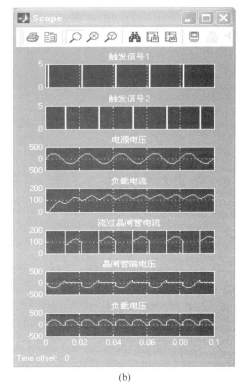

(b)

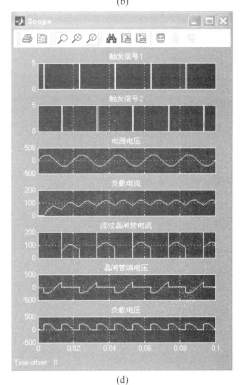

(c)

(d)

图 2-30 单相桥式半控整流电路带电感性负载输出波形图

(a) 0°;(b) 30°;(c) 45°;(d) 60°

实训 3 有源逆变电路的连接和调试

扫一扫查看
有源逆变电路的
连接和调试

1. 实训目的

（1）通过仿真实验熟悉有源逆变电路的连接和调试的电路构造及工作原理。

（2）根据仿真电路模型的实验结果观察电路的实际运行状态及输出波形。

2. 仿真步骤

（1）启动 MATLAB，进入 Simulink 后新建一个仿真模型的新文件。并布置好各元器件，如图 2-31 所示。

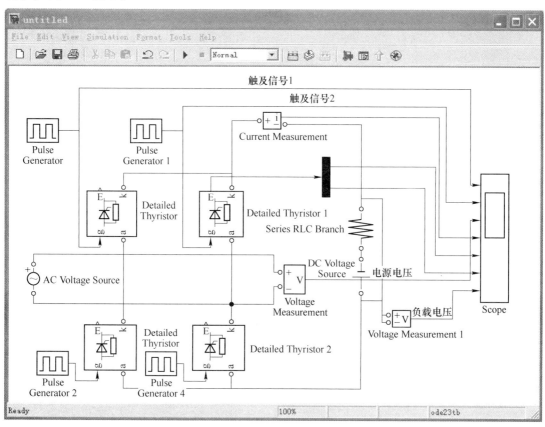

图 2-31 有源逆变电路仿真图

（2）参数设置，基本的设置均与单相桥式全控整流电路相同。电路中增加了一个反向的直流电动势，以实现逆变。在本例中，交流电压设为 220V，50Hz。负载电阻设为 5。直流电压设为 250V。要注意触发脉冲的设置，因为要实现逆变，触发角要大于 90°，且处于对角的触发角设置要相同。

（3）模型仿真，设置好后，即可开始仿真。选择算法为 ode23tb，stop time 设为 0.1。单击开始控件。仿真完成后就可以通过示波器来观察仿真的结果。图 2-32 是分别在 90°、120°、135° 和 150° 时的仿真结果。

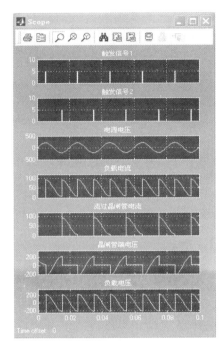

(a)

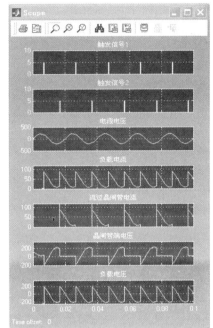

(b)

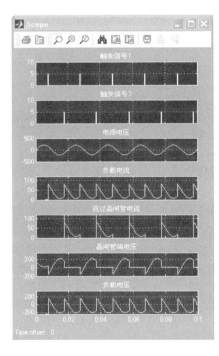

(c)

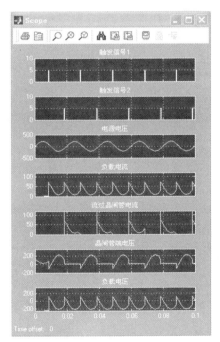

(d)

图 2-32 有源逆变电路仿真输出波形图

（a）90°；（b）120°；（c）135°；（d）150°

巩固与提高

1. 单相桥式全控整流电路中，若有一只晶闸管因过电流而烧成短路，结果会怎样？若这只晶闸管烧成断路，结果又会怎样？

2. 单相桥式全控整流电路带大电感负载时，它与单相桥式半控整流电路中的续流二极管的作用是否相同？为什么？

3. 画出单相桥式全控可控整流电路，当 $\alpha = 60°$ 时，以下三种情况的 u_2、u_g、u_d、i_d 及 u_T 的波形。

（1）电阻性负载。

（2）大电感负载不接续流二极管。

（3）大电感负载接续流二极管。

4. 单相桥式全控整流电路，大电感负载，交流侧电流有效值为 220V，负载电阻 R_d 为 4Ω，计算当 $\alpha = 60°$ 时，直流输出电压平均值 U_d、输出电流的平均值 I_d；若在负载两端并接续流二极管，其 U_d、I_d 又是多少？此时流过晶闸管和续流二极管的电流平均值和有效值又是多少？画出上述两种情形下的电压电流波形。

5. 电路如图 2-33 所示，已知电源电压 220V，电阻电感性负载，负载电阻 $R_d = 5Ω$，晶闸管的控制角为 60°。

（1）试画出晶闸管两端承受的电压波形。

（2）晶闸管和续流二极管每周期导通多少度？

（3）选择晶闸管型号。

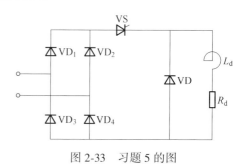

图 2-33　习题 5 的图

6. 直流电动机负载单相全控桥整流电路中，串接平波电抗器的意义是什么？

7. 什么是有源逆变？什么是无源逆变？实现有源逆变的条件是什么？半控桥和负载侧并有续流管的电路能够实现有源逆变？

8. 什么叫逆变失败？导致逆变失败的原因是什么？有源逆变最小逆变角受哪些因素限制？最小逆变角一般取为多少？

9. 单相桥式全控整流电路，当 $\alpha > 90°$ 时，若直流侧直流电动机取走，而代之以一个电阻，晶闸管的导通角还能达到 180° 吗？晶闸管的输出电压平均值还能出现负值吗？

10. 设单相桥式整流电路有源逆变电路的逆变角为 $\beta = 60°$，试画出输出电压 u_d 的波形图。

11. 试举例说明有源逆变有哪些应用？

12. 如图 2-34 所示，图 2-34（a）工作在整流—电动机状态，图 2-34（b）工作在逆变—发电机状态。

（1）在图中标出 U_d、E 和 i_d 的方向。

（2）说明 E 和 U_d 的大小关系。

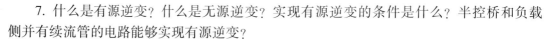

（3）当 α 与 β 的最小均为 $30°$ 时，α 和 β 的范围是多大？

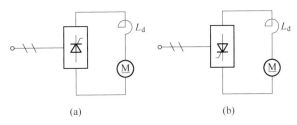

(a)　　　　　　　　　(b)

图 2-34　习题 12 的图

13. 简述锯齿波同步触发电路的基本组成。

14. 锯齿波同步触发电路中如何实现触发脉冲与主回路电源的同步？

15. 锯齿波触发电路中如何改变触发脉冲产生的时刻，达到移相的目的？

16. 锯齿波触发电路中输出脉冲的宽度由什么来决定？

17. 项目实施电路中，如果要求在 $U_{ct}=0$ 的条件下，使 $\alpha=90°$，如何调整？

模块 3　电风扇无级调速器的认识和调试

模块引入

现在的电风扇（见图3-1）多采用无级调速器，如图3-2(a) 所示，它在日常生活中随处可见，其体积小，耗能很少，旋转旋钮可以方便平稳地调节电风扇的转速，这是如何做到的呢？本模块将从最简易的电风扇无级调速器开始进行分析讲解。

图 3-1　电风扇

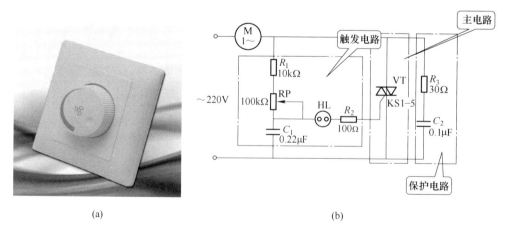

(a)　　　　　　　　　　　　　　　(b)

图 3-2　电风扇无级调速器及电路原理图

（a）电风扇无级调速器；（b）电风扇无级调速器电路原理图

　　无级调速一般采用双向晶闸管作为电风扇的开关。利用晶闸管的可控特性，通过改变晶闸管的控制角使晶闸管的输出电压发生改变，达到调节电动机转速的目的。如图 3-2(b)所示，调速器电路主要由主电路和触发电路两部分构成，在双向晶闸管的两端并接 RC 元件，是利用电容两端电压瞬时不能突变，作为晶闸管关断过电压的保护措施。

　　本模块通过对主电路及触发电路的分析，学生能够理解调速器电路的工作原理，进而掌握分析交流调压电路的方法。

学习目标

　　(1) 认识双向晶闸管的外形，掌握其工作原理。
　　(2) 会用万用表判断双向晶闸管的好坏。
　　(3) 了解双向晶闸管触发电路。
　　(4) 掌握单相交流调压电路的工作原理。
　　(5) 会调试和测试单相交流调压电路。

任务 3.1　双向晶闸管

扫一扫查看
双向晶闸管

　　双向晶闸管是由普通晶闸管派生出来的，在交流电路中可以代替一组反并联的普通晶闸管，只需一个触发电路。因其具有触发电路简单、工作性能可靠的优点，在交流调压、无触点交流开关、温度控制、灯光调节及交流电动机调速等领域中应用广泛，是一种比较理想的交流开关器件。

3.1.1　双向晶闸管的外形与结构

　　双向晶闸管的外形与普通晶闸管类似，有塑封式、螺栓式、平板式，如图 3-3 所示。

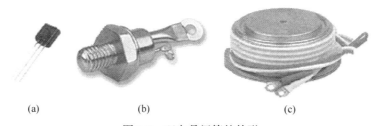

(a)　　　　　　　(b)　　　　　　　　　(c)

图 3-3　双向晶闸管的外形
(a) 塑封式；(b) 螺栓式；(c) 平板式

　　双向晶闸管是由 N-P-N-P-N 五层半导体材料制成的，对外也引出三个电极，包括两个主电极 T_1、T_2 和一个门极 G，但只有一个控制极。其内部结构、等效电路及图形符号如图 3-4 所示。

　　由图 3-4 可见，双向晶闸管相当于两个普通晶闸管反并联，不过它只有一个门极 G。其内部结构特点使得门极 G 相对于 T_1 端无论是正的或是负的，都能触发，而且 T_1 相对于 T_2 既可以是正，也可以是负。常见双向晶闸管的引脚排列如图 3-5 所示。

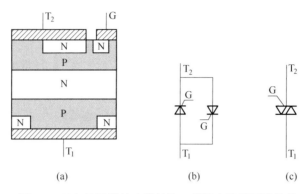

图 3-4　双向晶闸管的内部结构、等效电路及图形符号

（a）内部结构；（b）等效电路；（c）图形符号

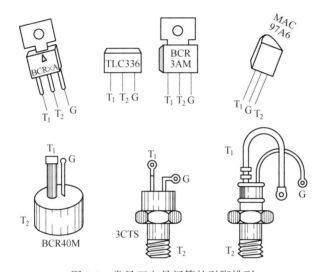

图 3-5　常见双向晶闸管的引脚排列

3.1.2　双向晶闸管的伏安特性与触发方式

1. 伏安特性

与普通晶闸管不同，双向晶闸管有正反向对称的伏安特性曲线。如图 3-6 所示，是一种理想的交流开关器件。正向部分位于第 Ⅰ 象限，反向部分位于第 Ⅲ 象限，并规定：双向晶闸管的 T_1 极为正、T_2 极为负时的特性是第 Ⅰ 象限特性，而 T_1 极为负、T_2 极为正时的特性为第 Ⅲ 象限特性。

2. 触发方式

双向晶闸管正反两个方向都能导通，门极加正负电压都能触发。主电压与触发

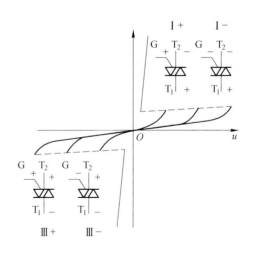

图 3-6　双向晶闸管的伏安特性

电压相互配合，可以得到四种触发方式。

（1） Ⅰ+触发方式。主电极 T_1 为正，T_2 为负；门极 G 电压为正，T_2 为负。特性曲线在第Ⅰ象限。

（2） Ⅰ-触发方式。主电极 T_1 为正，T_2 为负；门极 G 电压为负，T_2 为正。特性曲线在第Ⅰ象限。

（3） Ⅲ+触发方式。主电极 T_1 为负，T_2 为正；门极 G 电压为正，T_2 为负。特性曲线在第Ⅲ象限。

（4） Ⅲ-触发方式。主电极 T_1 为负，T_2 为正；门极 G 电压为负，T_2 为正。特性曲线在第Ⅲ象限。

由于双向晶闸管的内部结构原因，四种触发方式中灵敏度不相同，以Ⅲ+触发方式灵敏度最低，所需门极触发功率很大，所以实际使用时要尽量避开。双向晶闸管常用在交流调压电路中，触发方式常选（Ⅰ+、Ⅲ-）。

3.1.3 双向晶闸管的型号与参数

1. 双向晶闸管的型号及含义

国产双向晶闸管用 KS 表示，型号及含义如图 3-7 所示。

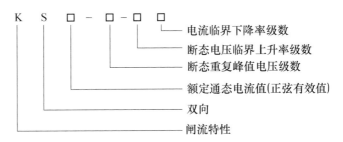

图 3-7 双向晶闸管的型号及含义

例如，型号 KS50-10-21 表示额定电流为 50A，额定电压为 10 级（1000V），断态电压临界上升率 du/dt 为 2 级（不小于 200V/μs），换向电流临界下降率 di/dt 为 1 级（不小于 1%$I_{T(RMS)}$）的双向晶闸管。

2. 双向晶闸管的参数

双向晶闸管的主要参数中只有额定电流与普通晶闸管有所不同，其他参数定义相似。由于双向晶闸管工作在交流电路中，正反向电流都可以流过，所以它的额定电流不用平均值而是用有效值来表示。

双向晶闸管额定电流定义为：在标准散热条件下，当器件的单相导通角大于 170°时，允许流过器件的最大交流正弦电流的有效值，用 $I_{T(RMS)}$ 表示。双向晶闸管的峰值电流 I_m 为有效值 $I_{T(RMS)}$ 的 $\sqrt{2}$ 倍，即 $I_m = \sqrt{2}I_{T(RMS)}$。

双向晶闸管额定电流与普通晶闸管额定电流之间的换算关系式为

$$I_{T(AV)} = \frac{\sqrt{2}}{\pi}I_{T(RMS)} = 0.45I_{T(RMS)}$$

以此推算，一个 100A 的双向晶闸管与两个反并联 45A 的普通晶闸管电流容量相等。

有关 KS 型双向晶闸管的主要参数见表 3-1。

表 3-1　双向晶闸管的主要参数

系列	额定通态电流 $I_{T(RMS)}$ /A	断态重复峰值电压额定电压 U_{DRM} /V	断态重复峰值电流 I_{DRM} /mA	额定结温 T_{JM} /℃	断态电压临界上升率 (du/dt) /V·μs⁻¹	通态电流临界上升率 (di/dt) /A·μs⁻¹	换向电流临界下降率 $(di/dt)_c$ /A·μs⁻¹	门极触发电流 I_{GT} /mA	门极触发电压 U_{GT} /V	门极峰值电流 I_{GM} /A	门极峰值电压 U_{GM} /V	维持电流 I_H /mA	通态平均电压 $U_{T(AV)}$ /V
KS1	1	100~2000	<1	115	≥20	—	≥0.2% $I_{T(RMS)}$	3~100	≤2	0.3	10	实测值	上限值各厂由浪涌电流和结温的合格形式实验决定并满足 $U_{T1}-U_{T2}$ ≤0.5V
KS10	10		<10	115	≥20	—		5~100	≤3	2	10		
KS20	20		<10	115	≥20	—		5~200	≤3	2	10		
KS50	50		<15	115	≥20	10		8~200	≤4	3	10		
KS100	100		<20	115	≥50	10		10~300	≤4	4	12		
KS200	200		<20	115	≥50	15		10~400	≤4	4	12		
KS400	400		<25	115	≥50	30		20~400	≤4	4	12		
KS500	500		<25	115	≥50	30		20~400	≤4	4	12		

任务 3.2　双向晶闸管触发电路

3.2.1　双向触发二极管

双向触发二极管其结构与符号如图 3-8 所示，在晶闸管调压电路、荧光灯电子整流器中都可以看到它的身影。它结构简单、价格低廉，所以常用来触发双向晶闸管；还可构成过压保护等电路。采用双向触发二极管触发双向晶闸管的调压电路是一种典型而常用的触发电路。

在一般情况下，当器件两端所加电压低于正向转折电压时，器件呈高阻态，双向触发二极管截止，只有当外加电压（不论正负）的幅值大于双向触发二极管的转折电压时，它才会击穿导通。双向触发二极管的正向转折电压值一般有三个等级：20~60V、100~150V、200~250V。

扫一扫查看
双向晶闸管触发电路

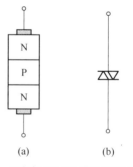

图 3-8　双向触发二极管的结构与符号
（a）结构；（b）符号

3.2.2　双向晶闸管的触发电路

1. 简易触发电路

图 3-9 所示为双向晶闸管的简易触发电路。

图 3-9(a) 所示为简单有级交流调压电路，图中当开关 S 拨至"2"，双向晶闸管 VT 只能在电源电压的正半周期触发，即采用 I+触发方式，负载 R_L 上仅得到正半周的输出电压；当 S 拨至"3"时，VT 在电源电压的正、负半周分别在 I+、III-触发，R_L 上得到正、负两个半周的输出电压，因而比置"2"时输出电压大。从而达到调节输出电压的目的。

图 3-9(b) 所示为采用触发二极管的交流调压电路，其中触发二极管 VD 具有对称的击穿特性，这种二极管两端电压达到击穿电压数值（通常为 30V 左右，不分极性）时被击穿导通。电源电压通过 RP 给电容 C_1 充电，当 C_1 两端电压绝对值达到一定大小时，击穿双向二极管 VD，并触发双向晶闸管导通，通过调节 RP 的大小来改变电容电压以达到双向二极管击穿电压的时刻，进而调节控制角 α，实现调压。当工作时大于 α 值时，因 RP 阻值较大，使 C_1 充电缓慢，到 α 角时电源电压已经过峰值并降得过低，则 C_1 上的充电电压过小，不足以击穿双向触发二极管 VD。

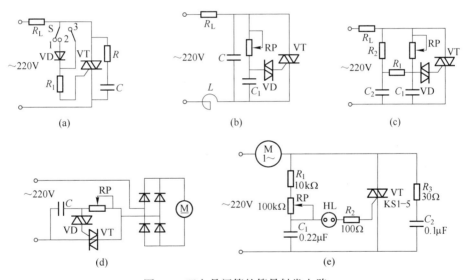

图 3-9　双向晶闸管的简易触发电路

图 3-9(c) 所示电路是在图 3-9(b) 的基础上增设了 R_1、R_2、C_2。这样在控制角 α 较大时，可由 C_2 两端在触发时刻之前所存储的电压 u_{C2} 给电容 C_1 增加一个充电电路，保证在大于 α 时 VT 能可靠触发，增大了调压范围。

图 3-9(d) 是电机调速电路，它是图 3-9(b) 的一个应用电路，为交-交-直变流。电路首先通过双向晶闸管进行调压，再经过不可控整流桥将调压后的交流电转换为直流电，用以驱动直流电机转动。

图 3-9(e) 是电风扇无级调速电路图，接通电源后，电容 C_1 充电，当电容 C_1 两端电压峰值达到氖管 HL 的阻断电压时，氖管 HL 点亮，双向晶闸管 VT 被触发导通，电风扇

转动。改变可变电阻 RP 大小，即改变 C_1 的充电时间常数，使 VT 的导通角发生变化，也就改变了电动机两端的电压，因此电风扇的转速得以改变。由于可变电阻 RP 是无级变化的，因此电风扇的转速也是无级变化的。

2. 单结晶体管触发电路

图 3-10 所示为单结晶体管触发的交流调压电路。调节 RP 的阻值可改变负载 R_L 上电压的大小。由二极管 $VD_1 \sim VD_4$、电阻 R_2、稳压二极管 V_2、RP、C_1、R_1 和 V_1 所组成的单结晶体管自激振荡电路构成单结晶体管触发电路，此部分知识前面做过介绍，调节 RP 的阻值可改变负载 R_L 上电压的大小，双向晶闸管的触发方式为 I – 和 III – 触发方式。

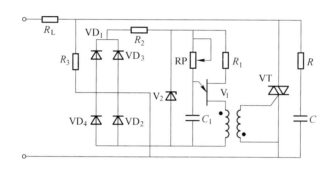

图 3-10　单结晶体管触发的交流调压电路

3. 集成触发电路

图 3-11 所示为 KC06 组成的双向晶闸管移相交流调压电路。KC06 为 16 引脚双列直插式集成元件，触发脉冲从 9 端子输出。该电路主要适用于交流直流供电的双向晶闸管或反并联普通晶闸管的交流移相控制。该电路能由交流直接供电而不需要外加同步、输出脉冲变压器和外接直流工作电源，能直接与晶闸管门极相连接。

RP_1 用于调节触发电路锯齿波斜率；R_4、C_3 用于调节脉冲宽度；RP_2 为移相控制电位器，用于调节输出电压的大小。

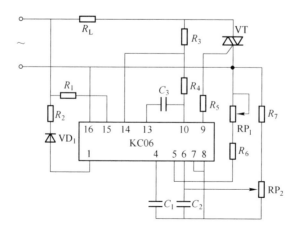

图 3-11　KC06 组成的双向晶闸管移相交流调压电路

任务 3.3　单相交流调压电路

交流变换实质上就是交流变交流（AC/AC 变换），也就是把一个交流电变化为另一个交流电，是交流信号之间的变换。交流变换电路是把一种形式的交流电变成另一种形式的交流电的电路。这里包含两部分内容：第一部分是交流调压电路，它把一种交流电转换为另一种交流电，输出的电压大小发生变化，频率不变。第二部分是变频电路，它使交流信号的频率发生变化，在直接变频的同时也可实现电压变换。本部分将重点介绍交流调压电路。交流调压电路广泛应用于灯光控制、工业加热、感应电机调速以及电解电镀的交流侧调压等场合。

3.3.1　电阻性负载

单相交流调压电路可以采用两个普通的晶闸管反并联或由一个双向晶闸管组成，图 3-12(a) 为一双向晶闸管与电阻性负载 R_L 组成的交流调压主电路，图中双向晶闸管也可改用两个反并联的普通晶闸管，但需要两组独立的触发电路分别控制两个晶闸管。

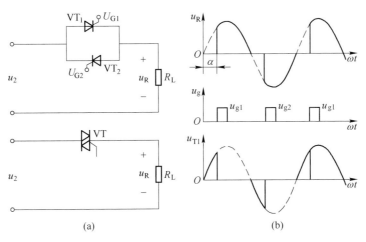

图 3-12　单相交流调压电路电阻负载电路及波形

(a) 电路图；(b) 波形图

在电源电压正半周 $\omega t = \alpha$ 时，触发 VT 导通，有正向电流流过 R_L，负载端电压 u_R 为正值，电流过零时 VT 自行关断；在电源电压负半周 $\omega t = \pi + \alpha$ 时，再触发 VT 导通，有反向电流流过 R_L，其端电压 u_R 为负值，到电流过零时 VT 再次自行关断。然后重复上述过程。改变 α 即可调节负载两端的输出电压有效值，达到交流调压的目的。各电压的波形图如图 3-12(b) 所示。

设 $u_2 = \sqrt{2}\,U_2 \sin\omega t$，则

输出电压有效值

$$U_R = \sqrt{\frac{1}{\pi}\int_{\alpha}^{\pi}(\sqrt{2}\,U_2\sin\omega t)^2 \mathrm{d}(\omega t)} = U_2\sqrt{\frac{1}{2\pi}\sin2\alpha + \frac{\pi - \alpha}{\pi}}$$

输出电流的有效值

$$I = \frac{U_R}{R} = \frac{U_2}{R}\sqrt{\frac{1}{2\pi}\sin2\alpha + \frac{\pi - \alpha}{\pi}}$$

功率因数 $\cos\varphi$

$$\cos\varphi = \frac{P}{S} = \frac{U_R I}{U_2 I} = \sqrt{\frac{1}{2\pi}\sin2\alpha + \frac{\pi - \alpha}{\pi}}$$

随着 α 角的增大，U_R 逐渐减小；当 $\alpha = \pi$ 时，$U_R = 0$。因此，单相交流调压器对于电阻性负载，其电压的输出调节范围 $0 \sim U_2$，控制角 α 的移相范围为 $0 \sim \pi$。

3.3.2　电感性负载

图 3-13 所示为电感性负载的交流调压电路。由于电感的作用，在电源电压由正向负过零时，负载中电流要滞后一定 φ 角度才能到零，即管子要继续导通到电源电压的负半周才能关断。晶闸管的导通角 θ 不仅与控制角 α 有关，而且与负载的功率因数角 φ 有关。控制角越小，则导通角越大，负载的功率因数角 φ 越大，表明负载感抗大，自感电动势使电流过零的时间越长，因而导通角 θ 越大。

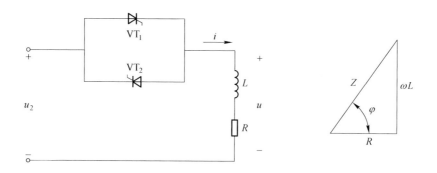

图 3-13　单相交流调压电感性负载电路图

下面分三种情况加以讨论。

1. $\alpha > \varphi$

由图 3-14 可见，当 $\alpha > \varphi$ 时，$\theta < 180°$，即正负半周电流断续，且 α 越大，θ 越小。可见，α 在 $\varphi \sim 180°$ 范围内，交流电压连续可调，电流电压波形如下图 3-14(a) 所示。

2. $\alpha = \varphi$

由图 3-14 可知，当 $\alpha = \varphi$ 时，$\theta = 180°$，即正负半周电流临界连续。相当于晶闸管失去控制，电流电压波形如图 3-14(b) 所示。

3. $\alpha < \varphi$

假设触发脉冲为窄脉冲，VT_1 管先被触发导通，而且 $\theta > 180°$。当 u_{g2} 出现时，VT_1 管的电流还未到零，VT_1 管关不断，VT_2 管不能导通。当 VT_1 管电流到零关断时，u_{g2} 脉冲已消失，此时 VT_2 管虽已受正压，但也无法导通。到第三个半波时，u_{g1} 又触发 VT_1 导通。这样负载电流只有正半波部分，出现很大直流分量，电路不能正常工作。因而电感性负载时，晶闸管不能用窄脉冲触发，可采用宽脉冲或脉冲列触发。

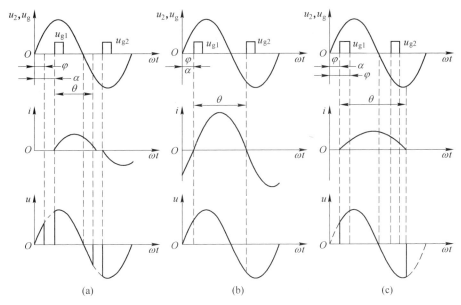

图 3-14　单相交流调压电感性负载工作波形图

(a) $\alpha > \varphi$；(b) $\alpha = \varphi$；(c) $\alpha < \varphi$

综上所述，单相交流调压有如下特点：

（1）电阻负载时，负载电流波形与单相桥式可控整流交流侧电流一致。改变控制角 α 可以连续改变负载电压有效值，达到交流调压的目的。移相范围为 $0° \sim 180°$。

（2）电感性负载时，不能用窄脉冲触发。否则当 $\alpha < \varphi$ 时，会出现一个晶闸管无法导通，产生很大直流分量电流，烧毁熔断器或晶闸管。

（3）电感性负载时，最小控制角 $\alpha_{\min} = \varphi$（阻抗角）。所以 α 的移相范围为 $\varphi \sim 180°$。

【例 3-1】　一个单相晶闸管交流调压电路，用以控制送至电阻 $R = 0.23\Omega$、感抗 $\omega L = 0.23\Omega$ 的电感性负载上的功率，设电源电压有效值 $U_2 = 230\mathrm{V}$，试求：

（1）移相控制范围；

（2）负载电流的最大有效值；

（3）最大功率和功率因数。

解：

（1）移相控制范围

当输出电压为零时，$\alpha = 180°$。

当输出电压最大时，$\alpha = \varphi = \arctan\dfrac{\omega L}{R} = \arctan\dfrac{0.23}{0.23} = 45°$

所以 $45° \leqslant \alpha \leqslant 180°$。

（2）负载电流的最大有效值

$$I_{\max} = \frac{U_2}{\sqrt{R^2 + (\omega L)^2}} = \frac{230}{\sqrt{0.23^2 + 0.23^2}} \approx 707\mathrm{A}$$

（3）最大功率和功率因数

$$P_{\max} = I_{\max}^2 R = 707^2 \times 0.23 = 1.15 \times 10^5 \mathrm{W}$$

$$\cos\varphi = \cos 45° = 0.707$$

知识拓展　三相交流调压电路

单相交流调压适用于单相容量小的负载，当交流功率调节容量较大时，通常采用三相交流调压电路，如三相电热器、电解与电镀等设备。三相交流调压电路有多种形式，负载可联结成三角形或星形。

1. 三相四线制交流调压电路

三相四线制交流调压电路如图 3-15 所示，电路特点如下：

（1）相当于三个独立的单相交流调压电路组合而成。

（2）存在中性线，但三次谐波在中性线中的电流大，故中性线的导线截面要求与相线一致。

（3）晶闸管的门极触发脉冲信号同相间两管的触发脉冲要互差 180°。

（4）各晶闸管的导通顺序为 $T_1 \sim T_6$，依次滞后间隔 60°。

（5）因存在中性线，可采用窄脉冲触发。

2. 三相三线制交流调压电路

（1）电路结构和特点。

如图 3-16 所示，电路特点如下：

1）每相电路必须通过另一相形成回路。

2）负载接线灵活，且不用中性线。

3）晶闸管的触发电路必须是双脉冲，或者是宽度大于 60° 的单脉冲。

4）触发脉冲顺序和三相全控桥一样，为 $T_1 \sim T_6$，依次间隔 60°。

5）电压过零处定为控制角的起点，α 移相范围是 0° ~ 150°；

6）输出谐波含量低，无三次谐波分量。

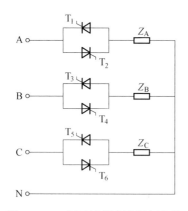

图 3-15　三相四线制交流调压电路

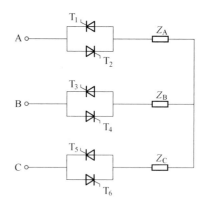

图 3-16　三相三线制交流调压电路

（2）工作过程。

三相三线制交流调压电路，改变 α，电路中晶闸管的导电模式如下：

1）当 0°≤α<60° 时，三个晶闸管导通与两个晶闸管导通交替，每管导通 180°-α；但 α=0° 时一直是三管导通，图 3-17(a) 所示为 α=30° 时的负载相电压波形。

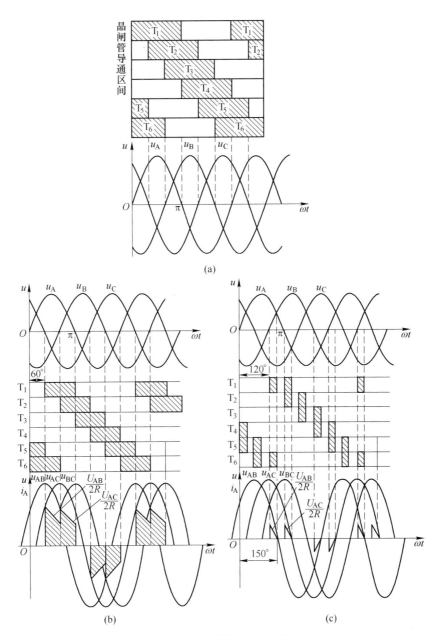

图 3-17　负载相电压波形

（a）$\alpha=30°$时的负载相电压波形；（b）$\alpha=60°$时的负载相电压波形；（c）$\alpha=120°$时的负载相电压波形

2）当 $60°\leqslant\alpha<90°$ 时，两管导通，每管导通 $120°$。图 3-17（b）所示为 $\alpha=60°$ 时的负载相电压波形。

3）当 $90°\leqslant\alpha<150°$ 时，两管导通与无晶闸管导通交替，导通角为 $300°-2\alpha$。图 3-17（c）所示为 $\alpha=120°$ 时的负载相电压波形。

3. 三相交流调压电路接线方式及性能特点

三相交流调压电路接线方式及性能特点见表 3-2。

表 3-2　三相交流调压电路的接线方式及性能特点

电路名称	电 路 图	晶闸管工作电压（峰值）	晶闸管工作电流（峰值）	移相范围	电路性能特点
星形带中性线的三相交流调压电路		$\sqrt{\dfrac{2}{3}}U_1$	$0.45I_1$	$0° \sim 180°$	（1）是三个单相电路的组合； （2）输出电压、电流波形对称； （3）因有中性线，可流过谐波电流，特别是 3 次谐波电流； （4）适用于中小容量可接中性线的各种负载
晶闸管与负载联结成三角形的三相交流调压电路		$\sqrt{2}U_1$	$0.26I_1$	$0° \sim 150°$	（1）是三个单相电路的组合； （2）输出电压、电流波形对称； （3）与星形联结比较，在同容量时，此电路可选电流小、耐压高的晶闸管； （4）此接法实际应用较少
三相三线交流调压电路		$\sqrt{2}U_1$	$0.45I_1$	$0° \sim 150°$	（1）负载对称而且三相都有电流，如同三个单相电路组合； （2）应采用双窄脉冲或大于 60° 的宽脉冲触发； （3）不存在 3 次谐波电流； （4）适用于各种负载

实 践 提 高

实训1 双向晶闸管性能的简单测试方法

1. 实验目的

（1）认识双向晶闸管的外形结构，掌握测试晶闸管好坏的方法；

（2）学会双向晶闸管极性的确定方法；

（3）熟悉单、双向晶闸管的判别方法。

2. 实验所需挂件及附件（见表3-3）

表3-3　实验所需挂件及附件

序号	型　号	备　注
1	双向晶闸管	自备
2	万用表	自备

双向晶闸管是在普通晶闸管的基础上发展而成的，它不仅能代替两只反极性并联的晶闸管，而且仅需一个触发电路，是目前比较理想的交流开关器件。尽管从形式上可将双向晶闸管看成两只普通晶闸管的组合，但实际上它是由7只晶体管和多只电阻构成的功率集成器件。小功率双向晶闸管一般采用塑料封装，有的还带散热板。MAC218-10（8A/800V）等，大功率双向晶闸管大多采用 RD91 型封装。

3. 实验步骤

双向晶闸管是一种使用较广泛的硅晶体闸流管。利用双向晶闸管可以实现交流无触点控制，具有无火花、动作快、寿命长、可靠性高等优点，较多地使用在电机调速、调光、调温、调压及各种电器过载自动保护电路中。

双向晶闸管由五层半导体材料、三个电极构成，三个电极分别为第一阳极（又称主电极）T_1、第二阳极（又称主端子）T_2 和门极 G，其特点是触发后可双向导通。目前双向晶闸管的型号、规格繁多，其外形及引脚排列随生产厂家的不同而不同，一般情况下不易直接判断出其管脚及好坏，我们可用万用表对双向晶闸管进行简单检测。

（1）电极的确定（见图3-18）。

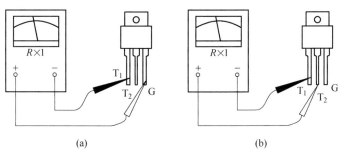

(a)　　　　　　　　　　　　(b)

图 3-18　双向晶闸管电极确定方法

（a）主极确定方法；（b）门极确定方法

首先，把万用表置于 $R \times 10\Omega$ 挡，测双向晶闸管能相互导通的两个电极，这两个电极对第三个电极都不导通，则第三个电极为第一阳极 T_1，如图 3-18（a）所示。

其次，把万用表置于 $R \times 1\Omega$ 挡，测余下两个电极的正反向电阻，取其中电阻小的一次，黑表笔所接的是第二阳极 T_2，红表笔所接的是门极 G，如图 3-18（b）所示。

（2）触发性能的检测。

双向晶闸管有四种触发方式，如图 3-19 所示，即 $T_1^+G^+$、$T_1^+G^-$、$T_1^-G^+$、$T_1^-G^-$，其中 $T_1^-G^+$ 触发方式灵敏度较低，所需门极触发功率较大，实际使用时只选其余三种组合。而 $T_1^+G^+$、$T_1^-G^-$ 触发形式的可靠性较高，较常使用，检测触发性能时可只检测这两种形式。

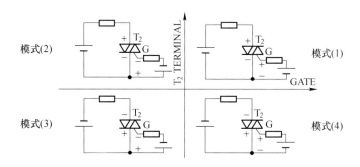

图 3-19　双向晶闸管的触发方式

用万用表检测双向晶闸管的触发性能，可按下列步骤进行：

把万用表置于 $R \times 1\Omega$ 挡，先检查 $T_1^+G^+$ 形式的触发能力。用万用表黑表棒与 T_1 极接触，红表棒与 T_2 极接触，万用表指针应停在无穷大处。保持黑表棒与 T_1 极接触、红表棒与 T_2 极接触，用万用表黑表棒同时接触门极，则指针应有较大幅度的偏转；再松开黑表棒与门极的接触，指针读数不变，说明 $T_1^+G^+$ 触发性能良好。然后检查 $T_1^-G^-$ 形式的触发能力：黑表棒与 T_2 极接触，红表棒与 T_1 极接触，万用表指针应停在无穷大处。保持黑表棒与 T_2 极接触、红表棒与 T_1 极接触，用红表棒接触门极，指针应有较大幅度的偏转，再松开红表棒与门极的接触，指针读数不变，说明 $T_1^-G^-$ 触发性能良好。

由于万用表 $R \times 1\Omega$ 挡的电池只有 1.5V，对于维持电流较大的大功率双向晶闸管不能可靠的触发、维持，可在万用表的外部串入 1~2 节干电池后再用上述方法检测。

（3）单向、双向晶闸管的判别。

有的单向晶闸管阳极与阴极正反向也都相互导通，初学者判断时可能误判断为双向晶闸管，而检测它的 $T_1^-G^-$ 触发性能不好导致误判断。那么，如何区别单向、双向晶闸管呢？

把万用表打到 $R \times 10\Omega$ 挡，测出相互导通的两个电极。然后测量这两个电极的正反向电阻。若正向、反向电阻差不多，则为双向晶闸管，如图 3-20（a）所示；若正向、反向电阻差别较大，则为单向晶闸管，如图 3-20（b）所示。

另外，双向晶闸管的损坏情况有断路或短路两种状态。若测出三个电极间电阻均为无穷大，其内部可能出现断路；若某两个电极间电阻为零，则可能出现了短路。

测量双向晶闸管。根据双向晶闸管测量要求和方法，用万用表认真测量双向晶闸管各引脚之间的电阻值并记录于表 3-4 中。

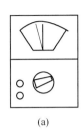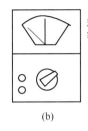

粗线为正向电阻
细线为反向电阻

(a)   (b)

图 3-20　晶闸管的判别方法

（a）双向晶闸管确定方法；（b）单向晶闸管确定方法

表 3-4　晶闸管测量记录表

项　目	R_{T1T2}	R_{T2T1}	R_{TG}	R_{GT}	结论
1					
2					
3					

实训 2　单相交流调压电路的连接和调试

1. 实训目的

（1）通过仿真实验熟悉单相交流调压电路的连接和调试的电路构造及工作原理。

（2）根据仿真电路模型的实验结果观察电路的实际运行状态及输出波形。

扫一扫查看
单相交流调压电路的
连接和调试

2. 仿真步骤

启动 MATLAB，进入 Simulink 后新建一个仿真模型的新文件。并布置好各元器件，如图 3-21 所示。

3. 参数设置

负载参数设置：电阻设为 10Ω，电感为 1mh，电容无穷大 inf。

脉冲发生器 G 的参数设置：振幅 1.8、周期 0.02 、脉宽 20、控制角（延迟时间）0.003333（触发角 $\alpha = 60°$）。

脉冲发生器 G1 的参数设置：振幅 1.8、周期 0.02 、脉宽 20、控制角（延迟时间）0.013333（触发角 $\alpha = 240°$）。

选择算法为 ode23tb，stop time 设为 0.08。单击开始控件。仿真完成后就可以通过示波器来观察仿真的结果，如图 3-22 所示。

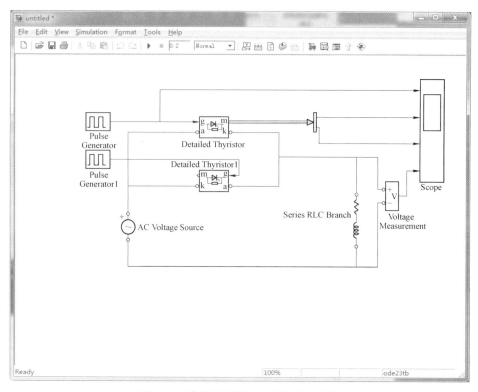

图 3-21 单相交流调压电路仿真电路图

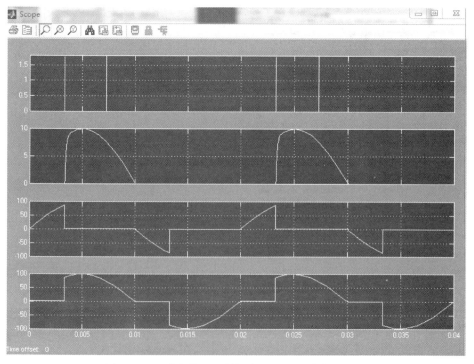

图 3-22 阻感负载电压单相交流调压电路输出波形

巩固与提高

1. 双向晶闸管额定电流的定义和普通晶闸管额定电流的定义有何不同？额定电流为 100A 的两只普通晶闸管反并联可以用额定电流为多少的双向晶闸管代替？

2. 画出双向晶闸管的图形符号，并指出它有哪几种触发方式？一般选用哪几种？

3. 型号为 KS100-10-51，请解释每个部分所代表的含义。

4. 说明图 3-23 所示的电路，指出双向晶闸管的触发方式。

5. 什么是交流调压？单相交流调压电路中，负载为电阻性时移相范围？负载是阻感性时移相范围？

6. 单相交流调压电路，负载阻抗角为 30°，问控制角 α 的有效移相范围有多大？

7. 单相交流调压主电路中，对于电阻-电感负载，为什么晶闸管的触发脉冲要用宽脉冲或脉冲列？

8. 单相交流调压电路如图 3-24 所示，$U_2 = 220V$，$L = 5.516mH$，$R = 1\Omega$，试求：

（1）控制角 α 的移相范围。

（2）负载电流最大有效值。

（3）最大输出功率和功率因数。

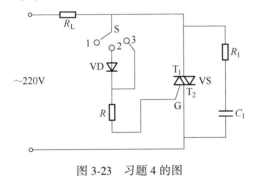

图 3-23　习题 4 的图

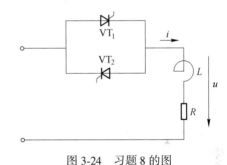

图 3-24　习题 8 的图

模块 4 开关电源的分析和维护

模块引入

开关电源是利用现代电力电子技术，控制开关管开通和关断的时间比率，能够改变输出电压并维持电压稳定输出的一种电源。开关电源是一种高效率、高可靠性、小型化、轻型化的稳压电源，是电子设备的主流电源，广泛应用于工业自动化控制、军工设备、科研设备、工控设备、通信设备、电力设备、仪器仪表类等领域。图 4-1 所示为常见的 PC 主机开关电源实物图。

图 4-1 PC 主机开关电源实物图

PC 主机开关电源的基本作用是将交流电网的电能转换为适合各个配件使用的低压直流电供给整机使用。一般有四路输出，分别是+5V、-5V、+12V、-12V。图 4-2 所示为PC 主机开关电源电路原理图。

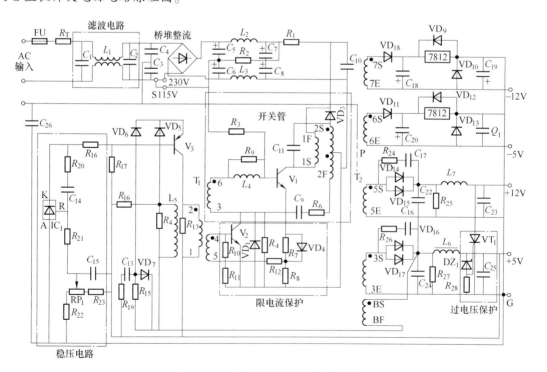

图 4-2 PC 主机开关电源电路原理图

电路的原理框图如图 4-3 所示，输入电压为 AC 220V，50Hz，经过滤波，再由整流桥整流后变为 300V 左右的高压直流电，然后通过功率开关管的导通与截止将直流电压变成连续的脉冲，再经变压器隔离降压及输出滤波后变为低压的直流电。开关管的导通与截止由 PWM（脉冲宽度调制）控制电路发出的驱动信号控制。

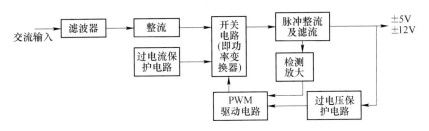

图 4-3 PC 主机开关电源的原理框图

PWM 驱动电路在提供开关管驱动信号的同时，还要实现输出电压稳定的调节，对电源负载提供保护。为此设有检测放大电路、过电流保护及过电压保护等环节。通过自动调节开关管导通时间的比例（占空比）来实现。

开关电源中，开关管通断频率很高，经常使用的是全控型电力电子器件，如可关断晶闸管 GTO、电力晶体管 GTR、电力场效应晶体管 MOSFET 和绝缘栅双极型晶体管 IGBT。由高压直流到低压多路直流的电路称 DC/DC 变换，是开关电源的核心技术。本模块介绍 GTO、GTR、MOSFET、IGBT 几种全控型电力电子器件以及开关电源主电路——DC/DC 变换电路。

学习目标

(1) 掌握全控型电力电子器件的工作原理和特性。
(2) 掌握 DC/DC 变换电路的基本概念和工作原理。
(3) 会测试全控型电力电子器件的特性。
(4) 会连接和调试直流斩波电路。

任务 4.1 全控型电力电子器件

扫一扫查看
全控型电力电子器件

继晶闸管之后出现了可关断晶闸管 GTO、电力晶体管 GTR、电力场效应晶体管 MOSFET 和绝缘栅双极型晶体管 IGBT 等电力电子器件，这些器件通过对控制极的控制，既可使其导通，又能使其关断，属于全控型电力电子器件。因为这些器件具有自关断能力，所以通常称为自关断器件。与晶闸管电路相比，采用自关断器件的电路结构简单，控制灵活方便。

4.1.1 可关断晶闸管 GTO

可关断晶闸管也称门极可关断晶闸管，GTO 具有普通晶闸管的全部优点，如耐压高、电流大、耐浪涌能力强、使用方便和价格低等，同时它又有自身的优点，如具有自关断能力、工作效率较高、使用方便、无须辅助关断电路等。GTO 既可用门极正向触发信号使其触发导通，又可向门极加负向触发信号使其关断。由于它不需用外部电路强迫阳极电流为 0 而使之关断，仅由门极触发信号去关断，这就简化了电力变换主电路，提高了工作的可靠性，减少了关断损耗。GTO 是一种应用广泛的大功率全控开关器件，在高电压和大中容量的斩波器及逆变器中获得了广泛应用。

1. GTO 的结构

GTO 的基本结构与普通晶闸管相同，也是属于 PNPN 四层三端器件，其 3 个电极分别为阳极（A）、阴极（K）、门极（控制极 G），图 4-4 所示为 GTO 的外形和图形符号。GTO 是一种多元的功率集成器件，它内部包含了数十个甚至是数百个共阳极的 GTO 元，这些小的 GTO 元的阴极和门极则在器件内部并联在一起，且每个 GTO 元阴极和门极距离很短，有效地减小了横向电阻，因此可以从门极抽出电流而使它关断，GTO 的内部结构如图 4-5 所示。

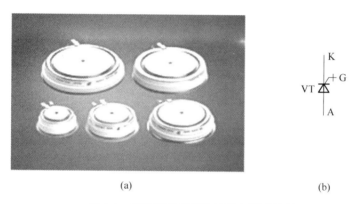

(a)　　　　　　　　　　　　　　　(b)

图 4-4　可关断晶闸管的外形和图形符号

（a）可关断晶闸管的外形；（b）可关断晶闸管的图形符号

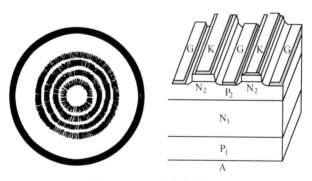

图 4-5　GTO 的内部结构

2. GTO 的工作原理

GTO 的触发导通原理与普通晶闸管相似，阳极加正向电压，门极加正触发信号后，使 GTO 导通。但是它的关断原理、方式与普通晶闸管大不相同。

（1）GTO 的导通机理与普通晶闸管是相同的。GTO 一旦导通，门极信号是可以撤除的，但在制作时采用特殊的工艺使管子导通后处于临界饱和状态，而不像普通晶闸管那样处于深度饱和状态，这样可以用门极负脉冲电流破坏临界饱和状态而使其关断。

（2）GTO 在关断机理上与普通晶闸管是不同的。门极加负脉冲即从门极抽出电流（即抽取饱和导通时储存的大量载流子），强烈的正反馈使器件退出饱和而关断。

3. GTO 的主要参数

GTO 的许多参数与普通晶闸管的相应参数的意义相同，以下只介绍意义不同的参数。

（1）最大可关断阳极电流 I_{ATO}。

最大可关断阳极电流 I_{ATO} 是可以通过门极进行关断的最大阳极电流，当阳极电流超过 I_{ATO} 时，门极负电流脉冲不可能将 GTO 关断。通常将最大可关断阳极电流 I_{ATO} 作为 GTO 的额定电流。应用中，最大可关断阳极电流 I_{ATO} 还与工作频率、门极负电流的波形、工作温度以及电路参数等因素有关，它不是一个固定不变的数值。

（2）门极最大负脉冲电流 I_{GRM}。

门极最大负脉冲电流 I_{GRM} 为关断 GTO 门极施加的最大反向电流。

（3）电流关断增益 β_{OFF}。

电流关断增益 β_{OFF} 为 I_{ATO} 与 I_{GRM} 的比值，即 $\beta_{OFF} = I_{ATO}/I_{GRM}$。$\beta_{OFF}$ 反映门极电流对阳极电流控制能力的强弱，β_{OFF} 值越大控制能力越强。这一比值比较小，一般为 5 左右，这就是说，要关断 GTO 门极的负电流的幅度也是很大的。如 $\beta_{OFF} = 5$，GTO 的阳极电流为 1000A，那么要想关断它必须在门极加 200A 的反向电流。可以看出，尽管 GTO 可以通过门极反向电流进行可控关断，但其技术实现并不容易。

4.1.2　电力晶体管 GTR

通常把集电极最大允许耗散功率在 1W 以上，或最大集电极电流在 1A 以上的晶体管称为电力晶体管 GTR，也叫大功率晶体管。它具有耐压高、电流大、开关特性好、饱和压降低、开关时间短、开关损耗小等特点，在电源、电机控制、通用逆变器等中等容量、中等频率的电路中应用广泛。在 20 世纪 80 年代以来，GTR 在中、小功率范围内取代晶闸管，但目前又大多被电力 MOSFET 和 IGBT 所代替。

1. GTR 的结构

（1）内部结构。

其结构和工作原理都和小功率晶体管非常相似，它由三层半导体、两个 PN 结组成，有 PNP 和 NPN 两种结构，多数采用 NPN 型，其电流由两种载流子（电子和空穴）的运动形成，所以称为双极型晶体管。图 4-6（a）所示为 NPN 型功率晶体管的内部结构，电气图形符号如图 4-6（b）所示。

电力晶体管通常采用共发射极接法，图 4-6（c）所示为共发射极接法时的电力晶体管内部主要载流子流动示意图。图中 1 为从基极注入的越过正向偏置发射结的空穴，2 为与电子复合的空穴，3 为因热骚动产生的载流子构成的集电结漏电流，4 为越过集电极电流的电子，5 为发射极电子流在基极中因复合而失去的电子。

（2）外部结构。

常见电力晶体管的外形如图 4-7 所示。由图可见，电力晶体管的外形除体积比较大外，其外壳上都有安装孔或安装螺钉，便于将晶体管安装在外加的散热器上。因为对电力晶体管来讲，单靠外壳散热是远远不够的。例如，50W 的硅低频电力晶体管，如果不加散热器工作，其最大允许耗散功率仅为 2~3W。

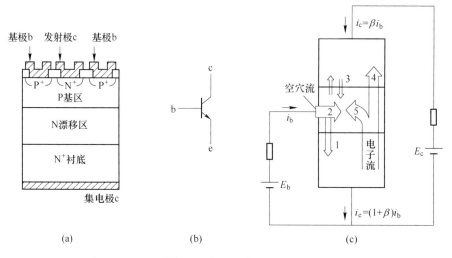

图 4-6　GTR 的结构、电气图形符号和内部载流子流动

（a）GTR 的结构（NPN 型）；（b）电气图形符号；（c）内部载流子的流动

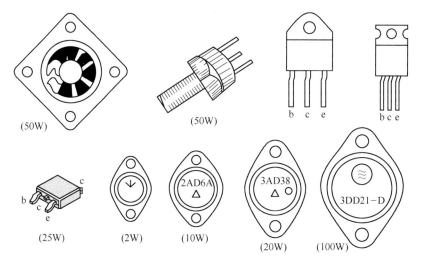

图 4-7　常见电力晶体管的外形

2. GTR 的工作原理

在电力电子技术中，GTR 主要用作功率开关使用，工作于饱和导通和截止状态，不允许工作于放大状态。晶体管通常连接成共发射极电路，NPN 型 GTR 通常工作在正偏（$I_b > 0$）时大电流导通；反偏（$I_b < 0$）时处于截止高电压状态。因此，给 GTR 的基极施加幅值足够大的脉冲驱动信号，它将工作于导通和截止的开关工作状态。

3. GTR 的特性

（1）静态特性。共发射极接法时，GTR 的典型输出特性如图 4-8 所示，可分为以下三个工作区。

截止区。在截止区内，$I_b \leqslant 0$，$U_{be} \leqslant 0$，$U_{bc} < 0$，集电极只有漏电流流过。

放大区。$I_b>0$，$U_{be}>0$，$U_{bc}<0$，$I_c=\beta I_b$。

饱和区。$I_b>I_{cs}/\beta$，$U_{be}>0$，$U_{bc}>0$。I_{cs}是集电极饱和电流，其值由外电路决定。两个PN结都为正向偏置。饱和时集电极、发射极间的管压降U_{ces}很小，相当于开关接通，这时尽管电流很大，但损耗并不大。GTR刚进入饱和时为临界饱和，若I_b继续增加，则为过饱和。用作开关时，应工作在深度饱和状态，这有利于降低U_{ces}和减小导通时的损耗。

（2）动态特性。动态特性描述GTR开关过程的瞬态性能，又称开关特性。GTR在实际应用中，通常工作在频繁开关状态。为正确、有效地使用GTR，应了解其开关特性。图4-9所示为GTR开关特性的基极电流、集电极电流波形。

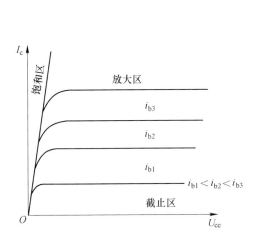

图4-8　GTR共发射极接法的输出特性

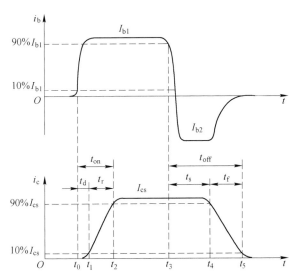

图4-9　GTR开关特性的i_b和i_c的波形

整个工作过程分为开通过程、导通状态、关断过程和阻断状态4个不同的阶段。图中，开通时间t_{on}对应着GTR由截止到饱和的开通过程，关断时间t_{off}对应着GTR由饱和到截止的关断过程。

GTR的开通过程是从t_0时刻起注入基极驱动电流，这时并不能立刻产生集电极电流。过一小段时间后，集电极电流开始上升，逐渐增至饱和电流值I_{cs}。把i_c达到$10\%I_{cs}$的时刻定为t_1，达到$90\%I_{cs}$的时刻定为t_2，则把t_0到t_1这段时间称为延迟时间，以t_d表示；把t_1到t_2这段时间称为上升时间，以t_r表示。

要关断GTR，通常给基极加一个负电流脉冲。但集电极电流并不能立即减小，而要经过一段时间才能逐渐降为零。把i_b降为稳态值I_{b1}的90%的时刻定为t_3，i_c下降到$90\%I_{cs}$的时刻定为t_4，下降到$10\%I_{cs}$的时刻定为t_5，则把t_3到t_4这段时间称为储存时间，以t_s表示；把t_4到t_5这段时间称为下降时间，以t_f表示。

延迟时间t_d和上升时间t_r之和是GTR从关断到导通所需要的时间，称为开通时间，以t_{on}表示，则$t_{on}=t_d+t_r$。

储存时间t_s和下降时间t_f之和是GTR从导通到关断所需要的时间，称为关断时间，以t_{off}表示，则$t_{off}=t_s+t_f$。

GTR 在关断时漏电流很小，导通时饱和压降很小。因此，GTR 在导通和关断状态下损耗都很小，但在关断和导通的转换过程中，电流和电压都较大，所以开关过程中损耗也较大。当开关频率较高时，开关损耗是总损耗的主要部分。因此，缩短开通和关断时间对降低损耗、提高效率和运行可靠性很有意义。

4. GTR 的主要参数

GTR 的主要参数除了前面提到的集电极与发射极间漏电流 I_{CEO}、集电极与发射极间饱和压降 U_{CES}、开通时间 t_{on} 和关断时间 t_{off} 之外，还有几种 GTR 的极限参数，即最高工作电压、最大允许电流、最大耗散功率和最高工作结温等。

（1）最高工作电压。

GTR 上所施加的电压超过规定值时，就会发生击穿，这一参数体现了 GTR 的耐击穿能力。随着测试条件不同，GTR 电压参数分别为下面几种。

$U_{(BR)CBO}$：发射极开路时，集电极和基极间的反向击穿电压。

$U_{(BR)CEO}$：基极开路时，集电极和发射极之间的击穿电压。

$U_{(BR)CER}$：实际电路中，GTR 的发射极和基极之间常接有电阻 R，这时用 $U_{(BR)CER}$ 表示集电极和发射极之间的击穿电压。

$U_{(BR)CES}$：当 R 为 0，即发射极和基极短路，用 $U_{(BR)CES}$ 表示其击穿电压。

$U_{(BR)CEX}$：发射结反向偏置时，集电极和发射极之间的击穿电压。

其中 $U_{(BR)CBO} > U_{(BR)CEX} > U_{(BR)CES} > U_{(BR)CER} > U_{(BR)CEO}$，实际使用时，为确保安全，最高工作电压要比 $U_{(BR)CEO}$ 低得多。

（2）集电极最大允许电流 I_{CM}。

当 GTR 的电流超过集电极最大允许电流时，容易造成 GTR 内部构件的烧毁，因此，必须规定集电极最大允许电流值。通常规定共发射极电流放大系数下降到规定值的 1/2~1/3 时，所对应的电流 I_C 为集电极最大允许电流，用 I_{CM} 表示。实际使用时还要留有较大的安全余量，一般只能用到 I_{CM} 值的一半或稍多些。

（3）集电极最大耗散功率 P_{CM}。

集电极最大耗散功率是在最高工作温度下允许的耗散功率，用 P_{CM} 表示。它是 GTR 容量的重要标志。晶体管功耗的大小主要由集电极工作电压和工作电流的乘积来决定，它将转化为热能使晶体管升温，晶体管会因温度过高而损坏。实际使用时，集电极允许耗散功率和散热条件与工作环境温度有关。所以在使用中应特别注意值 I_C 不能过大，散热条件要好。

（4）最高工作结温 T_{JM}。

GTR 正常工作允许的最高结温，以 T_{JM} 表示。GTR 结温过高时，会导致热击穿而烧坏。

4.1.3　电力场效应晶体管 MOSFET

电力场效应晶体管是一种单极型的电压控制器件，与 GTR 相比，具有开关速度快、损耗低、驱动电流小、无二次击穿现象等优点。它的缺点是其电流、热容量小，耐压低，一般只适用于小功率电力电子装置。

1. 电力 MOSFET 的结构

电力 MOSFET 是压控型器件，其门极控制信号是电压。它的 3 个极分别是：栅极（G）、源极（S）、漏极（D）。电力场效应晶体管有 N 沟道和 P 沟道两种。N 沟道中载流子是电子，P 沟道中载流子是空穴，都是多数载流子。其中每一类又可分为增强型和耗尽型两种。耗尽型就是当栅源两极间电压 $U_{GS}=0$ 时存在导电沟道，漏极电流 $I_D \neq 0$；增强型就是当 $U_{GS}=0$ 时没有导电沟道，$I_D=0$，只有当 $U_{GS}>0$（N 沟道）或 $U_{GS}<0$（P 沟道）时才开始有 I_D。电力 MOSFET 绝大多数是 N 沟道增强型，这是因为电子作用比空穴大得多。电力 MOSFET 的结构和电气图形符号如图 4-10 所示。

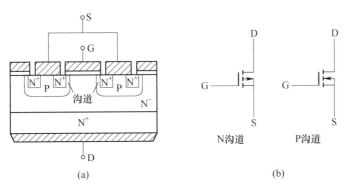

图 4-10　电力 MOSFET 的结构和电气图形符号
（a）电力 MOSFET 的结构；（b）电气图形符号

电力场效应晶体管与小功率场效应晶体管原理基本相同，但是为了提高电流容量和耐压能力，在芯片结构上却有很大不同，电力场效应晶体管采用小单元集成结构来提高电流容量和耐压能力，并且采用垂直导电排列来提高耐压能力。几种电力场效应晶体管的外形如图 4-11 所示。

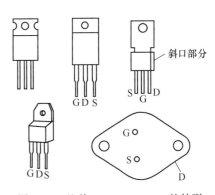

图 4-11　几种 Power MOSFET 的外形

2. 电力 MOSFET 的工作原理

当在 G、S 之间加一正向电压 U_{GS}（$U_{GS}>0$）时，MOSFET 内沟道出现，形成漏极到源极的电流，器件导通；反之，当在 G、S 之间加反向电压 U_{GS}（$U_{GS}<0$）时，MOSFET 内沟道消失，器件关断。

3. 电力 MOSFET 的特性

（1）转移特性。

I_D 和 U_{GS} 的关系曲线反映了输入电压和输出电流的关系，称为 MOSFET 的转移特性。如图 4-12（a）所示。从图中可知，I_D 较大时，I_D 与 U_{GS} 的关系近似线性，曲线的斜率被定义为电力 MOSFET 的跨导，即：

$$G_{FS} = \frac{dI_D}{dU_{GS}}$$

MOSFET 是电压控制型器件，其输入阻抗极高，输入电流非常小。

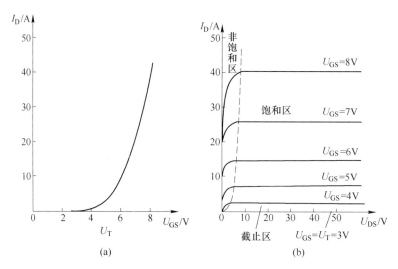

图 4-12　Power MOSFET 的转移特性和输出特性

（a）转移特性；（b）输出特性

（2）输出特性。

图 4-12（b）所示为 MOSFET 的漏极伏安特性，即输出特性。从图中可以看出，MOSFET 有 3 个工作区。

截止区。$U_{GS} \leqslant U_T$，$I_D = 0$，这和大功率晶体管的截止区相对应。

饱和区。$U_{GS} > U_T$，$U_{DS} \geqslant U_{GS} - U_T$，当 U_{GS} 不变时，I_D 几乎不随 U_{DS} 的增加而增加，近似为一常数，故称饱和区。这里的饱和区并不和大功率晶体管的饱和区对应，而对应于后者的放大区。当用作线性放大时，电力 MOSFET 工作在该区。

非饱和区。$U_{GS} > U_T$，$U_{DS} < U_{GS} - U_T$，漏源电压 U_{DS} 和漏极电流 I_D 之比近似为常数。该区对应于电力 MOSFET 的饱和区。当电力 MOSFET 作开关应用而导通时，即工作在该区。

在制造电力 MOSFET 时，为提高跨导并减少导通电阻，在保证所需耐压的条件下，应尽量减小沟道长度。因此，每个电力 MOSFET 元都要做得很小，每个元能通过的电流也很小。为了能使器件通过较大的电流，每个器件由许多个电力 MOSFET 元组成。

（3）开关特性。

图 4-13（a）是用来测试 MOSFET 开关特性的电路。图中 u_P 为矩形脉冲电压信号源，波形如图 4-13（b）所示，R_S 为信号源内阻，R_G 为栅极电阻，R_L 为漏极负载电阻，R_F 用于检测漏极电流。因为电力 MOSFET 存在输入电容 C_{in}，所以当脉冲电压 u_P 的前沿到来时，C_{in} 有充电过程，栅极电压 U_{GS} 呈指数曲线上升，如图 4-13（b）所示。当 U_{GS} 上升到开启电压 U_T 时开始出现漏极电流 i_D。从 u_P 的前沿时刻到 $u_{GS} = U_T$ 的时刻，这段时间称为开通延迟时间 $t_{d(on)}$。此后，i_D 随 U_{GS} 的上升而上升。u_{GS} 从开启电压上升到电力 MOSFET 进入非饱和区的栅压 U_{GSP} 这段时间称为上升时间 t_r，这时相当于大功率晶体管的临界饱和，漏极电流 i_D 也达到稳态值。i_D 的稳态值由漏极电压和漏极负载电阻所决定，U_{GSP} 的大小和 i_D 的稳态值有关。u_{GS} 的值达 U_{GSP} 后，在脉冲信号源 u_P 的作用下继续升高直至到达稳态值，但 i_D 已不再变化，相当于电力晶体管处于饱和。电力 MOSFET 的开通时间 t_{on} 为开

通延迟时间 $t_{\mathrm{d(on)}}$ 与上升时间 t_{r} 之和，即 $t_{\mathrm{on}} = t_{\mathrm{d(on)}} + t_{\mathrm{r}}$。

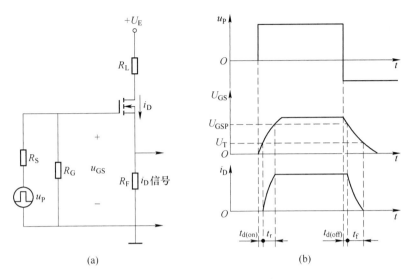

图 4-13　Power MOSFET 的开关过程

(a) 功率 MOSFET 开关特性的测试电路；(b) 波形

当脉冲电压 u_{P} 下降到零时，栅极输入电容 C_{in} 通过信号源内阻 R_{s} 和栅极电阻 R_{G}（$\geqslant R_{\mathrm{S}}$）开始放电，栅极电压 u_{GS} 按指数曲线下降，当下降到 U_{GSP} 时，漏极电流 i_{D} 才开始减小，这段时间称为关断延迟时间 $t_{\mathrm{d(off)}}$。此后，C_{in} 继续放电，u_{GS} 从 U_{GSP} 继续下降，i_{D} 减小，到 u_{GS} 小于 U_{T} 时沟道消失，i_{D} 下降到零。这段时间称为下降时间 t_{f}。关断延迟时间 $t_{\mathrm{d(off)}}$ 和下降时间 t_{f} 之和为关断时间 t_{off}，即 $t_{\mathrm{off}} = t_{\mathrm{d(off)}} + t_{\mathrm{f}}$。

从上面的分析可以看出，电力 MOSFET 的开关速度和其输入电容的充放电有很大关系。使用者虽然无法降低其 C_{in} 值，但可以降低栅极驱动回路信号源内阻 R_{S} 的值，从而减小栅极回路的充放电时间常数，加快开关速度。电力 MOSFET 的工作频率可达 100kHz 以上。

电力 MOSFET 是场控型器件，在静态时几乎不需要输入电流。但是在开关过程中需要对输入电容充放电，仍需要一定的驱动功率。开关频率越高，所需的驱动功率越大。

4. 电力 MOSFET 的主要参数

(1) 漏极电压 U_{DS}。它就是 MOSFET 的额定电压，选用时必须留有较大安全余量。

(2) 漏极最大允许电流 I_{DM}。它就是 MOSFET 的额定电流，其大小主要受管子的温升限制。

(3) 栅源电压 U_{GS}。栅极与源极之间的绝缘层很薄，承受电压很低，一般不得超过 20V，否则绝缘层可能被击穿而损坏，使用中应加以注意。

总之，为了安全可靠，在选用 MOSFET 时，对电压、电流的额定等级都应留有较大余量。

4.1.4　绝缘栅双极型晶体管 IGBT

绝缘栅极双极型晶体管是一种复合型电力电子器件。它结合了 MOSFET 和 GTR 的特点，既具有输入阻抗高、速度快、热稳定性好和驱动电路简单的优点，又具有输入通态电压低，耐压高和承受电流大的点，非常适合应用于直流电压为 600V 及以上的变流系统，如交流电机、变频器、开关电源、照明电路、牵引传动等领域。自 1986 年投入市场后，取代了 GTR 和一部分 MOSFET 的市场，中小功率电力电子设备的主导器件，继续提高电压和电流容量，以期再取代 GTO 的地位。

1. IGBT 的结构

IGBT 也是三端器件，它的 3 个极为漏极（D）、栅极（G）和源极（S），有时也将 IGBT 的漏极称为集电极（C），源极称为发射极（E）。图 4-14（a）所示为一种由 N 沟道电力 MOSFET 与晶体管复合而成的 IGBT 的基本结构。IGBT 比电力 MOSFET 多一层 P^+ 注入区，因而形成了一个大面积的 P^+N^+ 结 J_1，这样使得 IGBT 导通时由 P^+ 注入区向 N 基区发射少数载流子，从而对漂移区电导率进行调制，使得 IGBT 具有很强的通流能力。其简化等值电路如图 4-14（b）所示。可见，IGBT 是以 GTR 为主导器件，MOSFET 为驱动器件的复合管，图中 R_N 为晶体管基区内的调制电阻。图 4-14（c）所示为 IGBT 的电气图形符号。

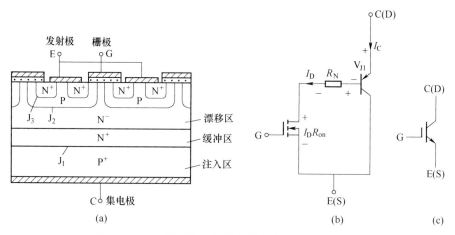

图 4-14　IGBT 的结构、简化等效电路和电气图形符号
（a）内部结构；（b）简化等效电路；（c）电气图形符号

IGBT 外形如图 4-15 所示。对于 TO 封装的 IGBT 管的引脚排列是将引脚朝下，标有型号面朝自己，从左到右数，1 脚为栅极或称门极 G，2 脚为集电极 C，3 脚为发射极 E，如图 4-15（a）所示。对于 IGBT 模块，器件上一般标有引脚，如图 4-15（b）所示。

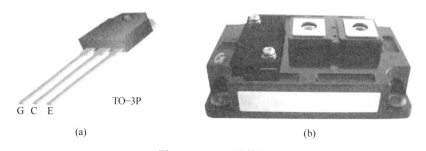

图 4-15　IGBT 的外形
（a）TO 封装的 IGBT 管；（b）IGBT 模块

2. IGBT 的工作原理

IGBT 的驱动原理与电力 MOSFET 基本相同，它是一种压控型器件。其导通和关断是由栅极和发射极间的电压 U_{GE} 决定的，当 U_{GE} 为正且大于开启电压 $U_{GE(th)}$ 时，MOSFET 内形成沟道，并为晶体管提供基极电流使其导通。当栅极与发射极之间加反向电压或不加电压时，MOSFET 内的沟道消失，晶体管无基极电流，IGBT 关断。

上面介绍的 PNP 晶体管与 N 沟道 MOSFET 组合而成的 IGBT 称为 N 沟道 IGBT，记为 N-IGBT。对应的还有 P 沟道 IGBT，记为 P-IGBT。N-IGBT 和 P-IGBT 统称为 IGBT。由于实际应用中以 N 沟道 IGBT 为多，因此下面仍以 N 沟道 IGBT 为例进行介绍。

3. IGBT 的特性

（1）静态特性。

与电力 MOSFET 相似，IGBT 的转移特性和输出特性分别描述器件的控制能力和工作状态。图 4-16（a）所示为 IGBT 的转移特性，它描述的是集电极电流 I_C 与栅射电压 U_{GE} 之间的关系，与电力 MOSFET 的转移特性相似。开启电压 $U_{GE(th)}$ 是 IGBT 能实现电导调制而导通的最低栅射电压。$U_{GE(th)}$ 随温度升高而略有下降，温度升高 1℃，其值下降 5mV 左右。在 +25℃ 时，$U_{GE(th)}$ 的值一般为 2~6V。

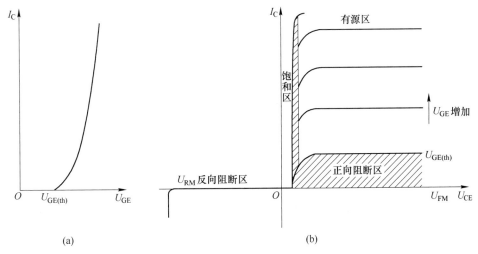

图 4-16　IGBT 的转移特性和输出特性
（a）转移特性；（b）输出特性

图 4-16（b）所示为 IGBT 的输出特性，也称伏安特性，它描述的是以栅射电压为参考变量时，集电极电流 I_C 与集射极间电压 U_{CE} 之间的关系。此特性与 GTR 的输出特性相似，不同的是参考变量，IGBT 为栅射电压 U_{GE}，GTR 为基极电流 I_B。IGBT 的输出特性也分为 3 个区域：正向阻断区、有源区和饱和区。这分别与 GTR 的截止区、放大区和饱和区相对应。此外，当 $u_{CE}<0$，IGBT 为反向阻断工作状态。在电力电子电路中，IGBT 工作在开关状态，因而是在正向阻断区和饱和区之间来回转换。

（2）动态特性。

图 4-17 所示为 IGBT 开关过程的波形图。IGBT 的开通过程与电力 MOSFET 的开通过程很相似，这是因为 IGBT 在开通过程中大部分时间是作为 MOSFET 来运行的。从驱

动电压 u_{GE} 的前沿上升至其幅度的 10% 的时刻起，到集电极电流 I_C 上升至其幅度的 10% 的时刻止，这段时间开通延迟时间 $t_{d(ON)}$。而 I_C 从 $10\%I_{CM}$ 上升至 $90\%I_{CM}$ 所需要的时间为电流上升时间 t_R。同样，开通时间 t_{ON} 为开通延迟时间 $t_{d(ON)}$ 与上升时间 t_r 之和。开通时，集射电压 u_{CE} 的下降过程分为 t_{fv1} 和 t_{fv2} 两段。前者为 IGBT 中 MOSFET 单独工作的电压下降过程，后者为 MOSFET 和 PNP 晶体管同时工作的电压下降过程。由于 u_{CE} 下降时 IGBT 中 MOSFET 的栅漏电容增加，而且 IGBT 中的 PNP 晶体管由放大状态转入饱和状态也需要一个过程，因此 t_{fv2} 段电压下降过程变缓。只有在 t_{fv2} 段结束时，IGBT 才完全进入饱和状态。

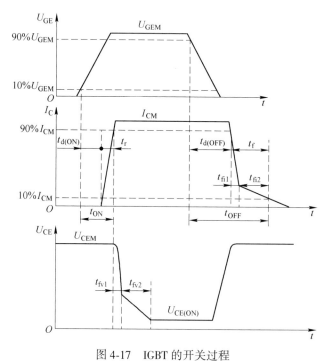

图 4-17　IGBT 的开关过程

IGBT 关断时，从驱动电压 u_{GE} 的脉冲后沿下降到其幅值的 90% 的时刻起，到集电极电流下降至 $90\%I_{CM}$ 止，这段时间称为关断延迟时间 $t_{d(OFF)}$。集电极电流从 $90\%I_{CM}$ 下降至 $10\%I_{CM}$ 的这段时间为电流下降时间。二者之和为关断时间 t_{OFF}。电流下降时间可分为 t_{fi1} 和 t_{fi2} 两段。其中 t_{fi1} 对应 IGBT 内部的 MOSFET 的关断过程，这段时间集电极电流 I_C 下降较快；t_{fi2} 对应 IGBT 内部的 PNP 晶体管的关断过程，这段时间内 MOSFET 已经关断，IGBT 又无反向电压，所以 N 基区内的少子复合缓慢，造成 I_C 下降较慢。由于此时集射电压已经建立，因此较长的电流下降时间会产生较大的关断损耗。为解决这一问题，可以与 GTR 一样通过减轻饱和程度来缩短电流下降时间。

可以看出，IGBT 中双极型 PNP 晶体管的存在，虽然带来了电导调制效应的好处，但也引入了少数载流子储存现象，因而 IGBT 的开关速度要低于电力 MOSFET。

4. IGBT 的主要参数

（1）集电极—发射极额定电压 U_{CES}。这个电压值是厂家根据器件的雪崩击穿电压而规定的，是栅极-发射极短路时 IGBT 能承受的耐压值，即 U_{CES} 值小于等于雪崩击穿电压。

（2）栅极—发射极额定电压 U_{GES}。IGBT 是电压控制器件，通过加到栅极的电压信号控制 IGBT 的导通和关断，而 U_{GES} 就是栅极控制信号的电压额定值。目前，IGBT 的 U_{GES} 值大部分为+20V，使用中不能超过该值。

（3）额定集电极电流 I_C。该参数给出了 IGBT 在导通时能流过管子的持续最大电流。

任务 4.2   全控型电力电子器件的驱动电路

全控型电力电子器件要正常工作，必须在其门极加驱动信号，又称触发信号。驱动电路是电力电子器件主电路和控制电路之间的接口，它要按照控制目标的要求施加开通或关断信号。对半控型器件只需要提供开通控制信号，对全控型器件则既要提供开通控制信号，又要提供关断控制信号。驱动电路还要提供控制电路与主电路之间的电气隔离环节。

4.2.1   驱动电路与器件的连接方式

1. 直接连接

主电路和驱动电路采用导线直接连接，如图 4-18（a）所示，由于主电路电压较高，采用直接连接易造成操作不安全，主电路干扰驱动电路。这种连接常在一些简单设备中。

2. 光耦合器连接

光耦合是一种将电信号转变成光信号，又将光信号转变成电信号的半导体器件。它将发光和受光的元件密封在同一管壳里，以光为媒介传递信号。光耦合器的发光源通常选砷化镓发光二极管，而受光部分采用硅光二极管及光电三极管。光耦合器具有可实现输入和输出间电隔离，且绝缘性能好，抗干扰能力强的优点。在用微机控制的驱动电路中经常使用，如图 4-18（b）所示。

3. 脉冲变压器耦合连接

脉冲变压器能够很好地把一次侧的脉冲信号传输到二次绕组，二次绕组与器件相连，主电路与控制电路有良好的电气绝缘。图 4-18（c）是采用脉冲变压器隔离的电路，VD_1、VD_2 用来消除负半周波形，为晶闸管提供正向触发脉冲，起到抗干扰作用。发光二极管用来指示脉冲是否正常。

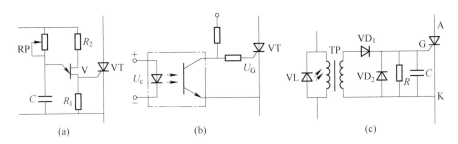

图 4-18   驱动电路与器件的连接方式

4.2.2   电流型全控电力电子器件的门极驱动

GTO 和 GTR 都是电流驱动型器件。

1. GTO 的门极驱动

（1）GTO 的门极驱动信号。

GTO 的门极电流、电压控制波形对 GTO 的特性有很大影响。GTO 门极电流、电压控制波形分开通和关断两部分，推荐的波形如图 4-19 所示。图中实线为门极电流波形，虚线为门极电压波形。i_{GF} 为正向直流触发电流，i_{GRM} 为最大反向门极电流。触发 GTO 导通时，门极电流脉冲应前沿陡、宽度大、幅度高、后沿缓。这是因为上升陡峭的门极电流脉冲可以使所有的 GTO 元几乎同时导通，而脉冲后沿太陡容易产生振荡。

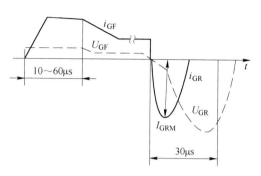

图 4-19　GTO 门极控制信号推荐波形

（2）GTO 的门极驱动电路。

GTO 门极驱动电路包括导通电路、关断电路和反偏电路。图 4-20 所示为一双电源供电的门极驱动电路。该电路由门极导通电路、门极关断电路和门极反偏电路组成，可用于三相 GTO 逆变电路。

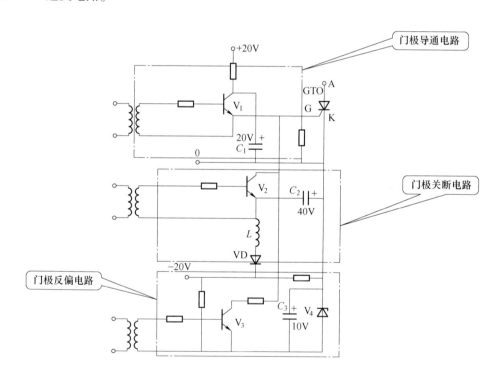

图 4-20　门极驱动电路

在实际应用中，门极控制电路是关键，现已开发出多种电路形式，满足了不同应用场合。有的生产厂家可为 GTO 提供配套使用的门极控制电路或模块，应用时可按需选择。

1）门极导通电路。

在无导通信号时，晶体管 V_1 未导通，电容 C_1 被充电到电源电压，约为20V。当有导通信号时，V_1 导通，产生门极电流。已充电的电容 C_1 可加快 V_1 的导通，从而增加门极导通电流前沿的陡度。此时，电容 C_2 被充电。充电路径为+20V 电源—V_1—GTO 门极—GTO阴极—C_2—电感 L—二极管 VD—-20V 电源，充电电压达 40V。

2）门极关断电路。

当有关断信号时，晶体管 V_2 导通，C_2 经 GTO 的阴极、门极、V_2 放电，形成峰值90V、前沿陡度大、宽度大的门极关断电流。

3）门极反偏电路。

电容 C_3 由-20V 电源充电、稳压管 V_4 钳位，其两端得到上正下负、数值为 10 V 的电压。当晶体管 V_3 导通时，此电压作为反偏电压加在 GTO 的门极上。

反偏电路的基本要求是：GTO 关断后仍然可以加一门极反向电压，其持续时间可以是几十微秒或整个阻断状态时间。门极反偏电压越高，可关断阳极电流越大。反偏电压越高，$\mathrm{d}u/\mathrm{d}t$ 耐量越大。

2. GTR 的基极驱动

（1）GTR 的基极驱动信号。

GTR 的基极驱动信号 GTR 的正常工作起着重要的作用。为了减少开关损耗，提高开关速度，GTR 要求的比较理想的基极电流波形如图 4-21 所示。

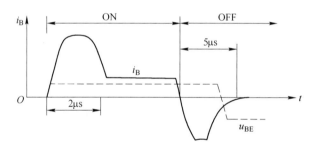

图 4-21　比较理想的基极电流波形

使 GTR 开通的基极驱动电流信号应使 GTR 工作在准饱和状态，避免其进入放大区和深饱和区。关断 GTR 时，施加一定的负基极驱动电流有利于减小开关时间和开关损耗，关断后同样应在基射极之间施加一定幅值（6V 左右）的负偏压。用于 GTR 开通和关断的正、负驱动电流的前沿上升时间应小于 1μs，以保证它能快速导通和关断。

（2）GTR 的驱动电路。

图 4-22 给出了一种 GTR 的驱动电路。它包括电气隔离和晶体管放大两个部分。其中二极管 VD_2 和电位补偿二极管 VD_3 构成钳位电路，也就是一种抗饱和电路，可使 GTR 在 V 导通时处于临界饱和状态。当负载较轻时，如果 V_5 的发射极电流全部注入 V，会使 V 过饱和，关断时退饱和时间加长。有了钳位电路后，当 V 过饱和使得集电极电位低于基极电位时，VD_2 就会自动导通，使多余的驱动电流流入集电极，维持 $U_{bc} \approx 0$。这样，就使得 V 导通时始终处于临界饱和状态。图中 C_2 是加速 GTR 开通过程的电容。开通时，R_5 被 C_5 短路。这样可以实现驱动电流的快速上升，增加前沿陡度，加快开通。

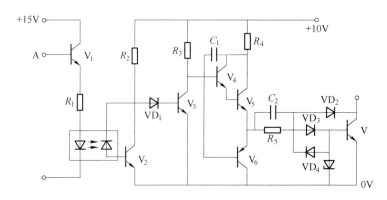

图 4-22　一种 GTR 的驱动电路

4.2.3　电压型全控电力电子器件的门极驱动

电力 MOSFET 和 IGBT 都是电压驱动型器件。

1. 电力 MOSFET 的栅极驱动

（1）电力 MOSFET 的栅极驱动信号。

对驱动信号的要求有：

1）触发脉冲有足够快的上升和下降速度，即脉冲沿要陡。

2）为使电力 MOSFET 可靠触发导通，触发电压应高于开启电压，但不得超过最大触发额定电压。触发电压也不能过低，否则会使通态电阻增大，降低抗干扰能力。

3）驱动电路的输出电阻应低，开通时以低电阻对栅极电容充电，关断时为栅极电荷提供低电阻放电回路，以提高电力 MOSFET 的开关速度。

4）为防止误导通，在电力 MOSFET 截止时应提供负的栅源电压。

（2）电力 MOSFET 的驱动电路。

1）栅极直接驱动电路。

图 4-23 是一种推挽式栅极直接驱动电路，当驱动信号为正的高电平时，晶体管 V_1 导通，15V 的栅控电源经过 V_1 给电力 MOSFET 本身的输入电容充电，建立栅控电场，使电力 MOSFET 快速导通；当驱动信号变为负的低电平时，V_2 导通，电力 MOSFET 的输入电容通过 V_2 快速放电，电力 MOSFET 管快速关断，并提供负偏压。两个晶体管 V_1 和 V_2 都使信号放大，提高了电路的工作速度，同时它们是作为射极输出器工作的，所以不会出现饱和状态。因此信号的传输无延迟。

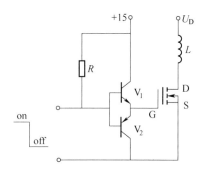

图 4-23　推挽式栅极直接驱动电路

2）隔离式栅极驱动电路。

隔离式栅极驱动电路有电磁隔离和光隔离两种。利用光隔离器隔离栅极的驱动电路如图 4-24 所示，图 4-24（a）为标准的光耦合电路，通过光耦合器将控制信号回路与驱动回路隔离，使得输出级设计电阻值减小，从而解决了栅极驱动源低阻抗的问题，但由于光耦合器响应速度慢，因此使开关延迟时间加长，限制了使用频率。图 4-24（b）为改进的光耦合电路，此电路使阻抗进一步降低，因而使栅极驱动的关断延迟时间进一步缩短，延迟时间的数量级仍为微秒级。实际上，现在已经有很多可以直接驱动 MOSFET 的集成芯片，如东芝公司的 TLP250、安捷伦公司的 HLPL4506 等，都可以用来直接驱动 MOSFET，简单方便。

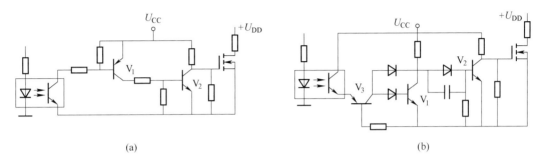

图 4-24　光隔离器隔离栅极的驱动电路
（a）标准电路；（b）改进电路

2. IGBT 的栅极驱动

（1）IGBT 的栅极驱动信号。

IGBT 具有与电力 MOSFET 相似的输入特性和高输入阻抗，驱动电路相对比较简单，驱动功率也比较小。

IGBT 对驱动信号及电路有以下基本要求。

1）驱动脉冲的上升和下降沿要陡：开通电压前沿陡可使 IGBT 快速开通，减小开通损耗；关断电压后沿足够陡，并在 G-E 极间加适当的反偏压，有助于 IGBT 快速关断。用内阻小的驱动源对 G 极电容充放电，可保证有足够陡的前、后沿。

2）驱动功率足够大：IGBT 开通后，栅极驱动源应能提供足够的功率及电压、电流幅值，使 IGBT 总处于饱和状态，不因退出饱和而损坏。

3）合适的正向驱动电压。

4）合适的负偏压：为缩短关断时间，需施加负偏压，并提高抗干扰能力。反偏压一般取 $-10 \sim -2V$。

5）合理的栅极电阻：在开关损耗不太大的情况下，应选用较大的栅极电阻。电阻范围为 $1 \sim 400\Omega$。

6）IGBT 多用于高压场合，故驱动电路与控制电路应严格隔离。

符合上述要求的 IGBT 典型驱动电压波形如图 4-25 所示。

（2）IGBT 的驱动电路。

因为 IGBT 的输入特性和 MOSFET 几乎相同，所以用于 MOSFET 的驱动电路同样可用于 IGBT。

1）脉冲变压器直接驱动 IGBT 的驱动电路。

图 4-26 为采用脉冲变压器直接驱动 IGBT 的驱动电路。电路中"控制脉冲形成"单元产生脉冲信号，经晶体管 V_1 功率放大后，加到脉冲变压器 Tr，由 Tr 隔离耦合，经稳压

管 VD_{Z1}、VD_{Z2} 限幅后驱动 IGBT。

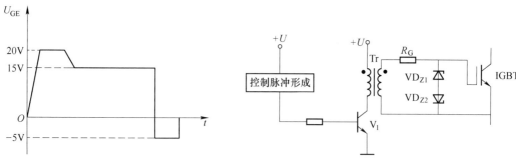

图 4-25　IGBT 典型驱动电压波形　　　　　图 4-26　脉冲变压器直接驱动 IGBT 的驱动电路

2）IGBT 专用驱动模块。

大多数 IGBT 生产厂家为了解决 IGBT 的可靠性问题，都生产与其相配套的混合集成驱动电路，如日本富士的 EXB 系列、东芝的 TK 系列、M579XX 系列，美国摩托罗拉的 MPD 系列等。这些专用驱动电路抗干扰能力强、集成化程度高，速度快，保护功能完善，可实现 IGBT 的最优控制。

东芝公司的 M57962L 型 IGBT 专用驱动模块是 N 沟道大功率 IGBT 的驱动电路，能驱动 600V/400A 和 1200V/400A 的 IGBT，其原理框图和 IGBT 驱动电路图如图 4-27 所示。

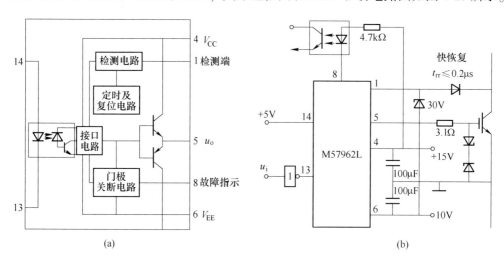

(a)　　　　　　　　　　　　　(b)

图 4-27　M57962L 型 IGBT 驱动器的原理和接线图
（a）M57962L 型的原理方框图；（b）IGBT 驱动电路图

任务 4.3　直流斩波电路

开关电源的核心技术是 DC/DC 变换电路。DC/DC 变换电路广泛应用于开关电源、无轨电车、地铁列车、蓄电池供电的机车车辆的无级变速，以及 20 世纪 80 年代兴起的电动汽车的调速及控制。

扫一扫查看
直流斩波电路

直流斩波电路（DC/DC 电路）是将一种幅值的直流电压变换成另一幅值固定或大小可调的直流电压的电路，俗称斩波器。它的基本原理是通过对电力电子器件的通断控制，将直流电压断续地加到负载上，通过改变占空比 D 来改变输出电压的平均值。

直流斩波电路按输入、输出有无变压器可分有隔离型、非隔离型两类，这里主要介绍非隔离型电路。非隔离型电路根据电路形式的不同可以分为降压型电路、升压型电路、升降压电路、库克式斩波电路和全桥式斩波电路。其中降压式和升压式斩波电路是基本形式，升降压式和库克式是它们的组合，而全桥式则属于降压式类型。

4.3.1　直流斩波电路工作原理

最基本的直流斩波电路如图 4-28（a）所示，S 为斩波开关，它可用普通型晶闸管、可关断晶闸管 GTO 或者其他自关断器件来实现。但是普通型晶闸管本身无自关断能力，须设置换流回路，用强迫换流的方法使它关断，因而增加了损耗。全控型电力电子器件的出现，为斩波频率的提高创造了条件，提高斩波频率可以减少低频谐波分量，降低对滤波元件的要求，减小变换装置体积和重量。采用自关断器件，省去了换流回路，利于提高斩波器的频率，是发展的方向。

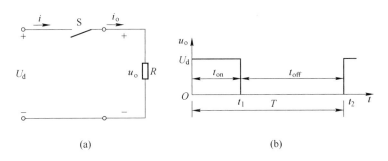

（a）　　　　　　　　　　　　　　　（b）

图 4-28　基本的斩波电路及其波形
（a）电路；（b）波形（R 负载）

当开关 S 闭合时，直流电压就加到 R 上，并持续 t_{on} 时间。当开关关断时，负载上的电压为零，并持续 t_{off} 时间，那么 $T=t_{on}+t_{off}$ 为斩波器的工作周期，斩波器的输出波形如图 4-28（b）所示。可以定义上述电路中开关的占空比

$$D = \frac{t_{on}}{T}$$

式中，T 为开关 S 的工作周期；t_{on} 为开关 S 的导通时间。

由波形图可得到输出电压平均值为

$$U_o = \frac{t_{on}}{t_{on}+t_{off}} U_d = \frac{t_{on}}{T} U_d = DU_d$$

式中，U_d 为输入电压。因为 D 是 0~1 之间变化的系数，因此在 D 变化范围内输出电压 U_o 总是小于输入电压 U_d，改变 D 值就可以改变输出电压平均值的大小。而占空比的改变可以通过改变 t_{on} 或 T 来实现。通常直流斩波电路的工作方式有三种：

（1）脉冲频率调制工作方式（PFM）：即维持 t_{on} 不变，改变 T。在这种调试方式中，

由于输出电压波形的周期是变化的，因此输出谐波的频率也是变化的，这使得滤波器的设计比较困难，输出波形谐波干扰严重，一般很少采用。

（2）脉冲宽度调制工作方式（PWM）：即维持 T 不变，改变 t_{on}。在这种调制方式中，输出电压波形的周期是不变的，因此输出谐波的频率也是不变的，这使得滤波器的设计变得较为容易。

（3）调频调宽混合控制：这种控制方式不但改变 t_{on}，也改变 T。这种控制方式的特点是：可以大幅度变化输出，但也存在着由于频率变化所引起的设计滤波器较难的问题。

4.3.2　降压斩波电路

降压斩波电路是一种输出电压的平均值低于输入直流电压的电路，又称 Buck 电路。它主要用于直流稳压电源和直流电机的调速。

1. 电路结构

降压斩波电路的结构图和工作波形图如图 4-29 所示。图中，U_d 为固定电压的直流电源；T 为控制开关（可以是电力晶体管，也可以是电力场效应晶体管）；电感 L、二极管 VD、负载 R 为在 T 关断时给负载中的电感电流提供通道；为获得平直的输出直流电压，输出端采用了 L-C 低通滤波电路，滤波电容器足够大，以保证输出电压恒定。

2. 电路的工作原理

导通期间（t_{on}），电力开关器件导通，电感蓄能，二极管 VD 反偏，等效电路如图 4-29（b）所示；关断期间（t_{off}），电力开关器件断开，电感释能，二极管 VD 导通续流，等效电路如图 4-29（c）所示。由波形图 4-29（d）可以计算出输出电压的平均值为

$$U_o = \frac{1}{T_s}\int_o^{T_s} u_o(t)\,\mathrm{d}t = \frac{1}{T_s}\left(\int_o^{t_{on}} u_d\mathrm{d}t + \int_{t_{on}}^{T_s} 0\cdot\mathrm{d}t\right) = \frac{t_{on}}{T_s}U_d = DU_d$$

忽略器件功率损耗，即输入输出电流关系为

$$I_o = \frac{U_d}{U_o}I_d = \frac{1}{D}I_d$$

它与交流变压器的电压电流关系相同，因此电流连续时，Buck 电路相当于一个降压"直流"变压器。

4.3.3　升压斩波电路

升压斩波电路的输出电压总是高于输入电压，又称 Boost 电路。它主要用于开关电源和直流电机能量回馈制动中。

1. 电路的结构

升压式斩波电路与降压式斩波电路最大的不同点是，斩波控制开关 T 与负载呈并联形式连接，储能电感与负载呈串联形式连接，升压斩波电路的结构图和工作波形图如图 4-30所示。

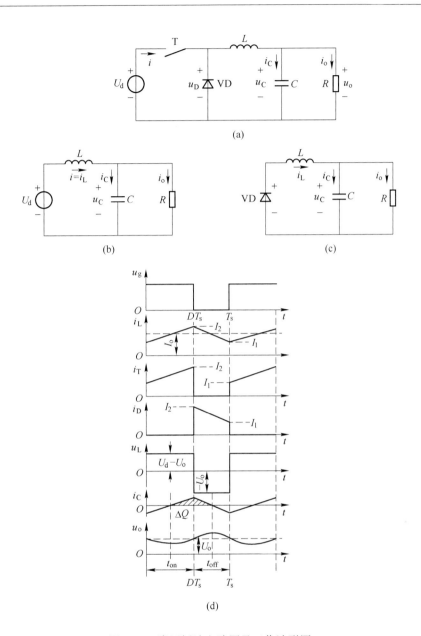

(a)

(b)　　　　　　　　　　　　　　(c)

(d)

图 4-29　降压斩波电路图及工作波形图

（a）降压斩波电路电路图；（b）电力开关器件导通状态等效电路；

（c）电力开关器件关断状态等效电路；（d）电流连续时的波形

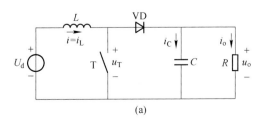

(a)

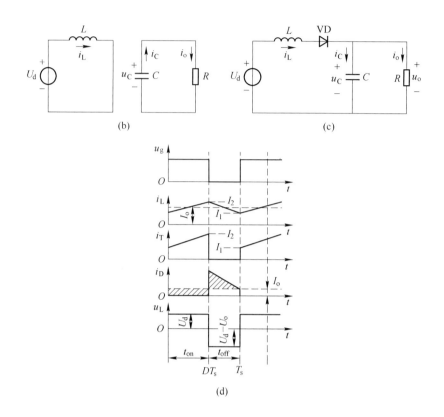

图 4-30　升压斩波电路图及工作波形图

（a）开压斩波电路电路图；（b）电力开关器件导通状态等效电路；

（c）电力开关器件关断状态等效电路；（d）电流连续时的波形

2. 电路的工作原理

t_{on} 工作期间，二极管 VD 反偏截止，电感 L 储能，电容 C 给负载 R 提供能量。t_{off} 工作期间，二极管 VD 导通，电感 L 经二极管 VD 给电容充电，并向负载 R 提供能量。可得输出电压 U_o 为

$$U_o = \frac{t_{on} + t_{off}}{t_{off}} U_d = \frac{T}{t_{off}} U_d = \frac{1}{1-D} U_d$$

上式中的 T/t_{off} 表示升压比，调节其大小，即可改变输出电压 U_o 的大小。式中 $T/t_{off} \geqslant 1$，输出电压高于电源电压，故称该电路为升压斩波电路。

4.3.4　升降压斩波电路

升降压斩波电路可以得到高于或低于输入电压的输出电压，又称 Buck-Boost 电路。

1. 电路的结构

电路结构图和工作波形图如图 4-31 所示，该电路的结构特征是储能电感与负载并联，续流二极管 VD 反向串联接在储能电感与负载之间。电路分析前可先假设电路中电感 L 很大，使电感电流 i_L 和电容电压及负载电压 u_o 基本稳定。

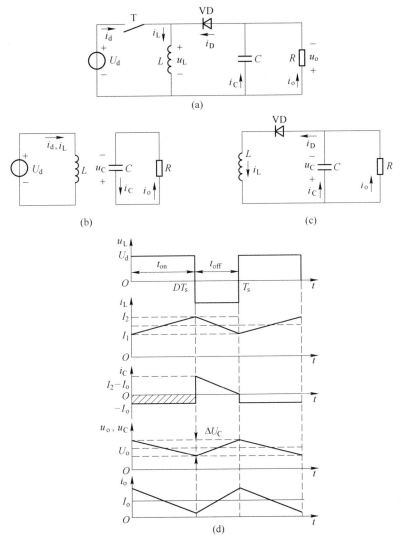

图 4-31　升降压斩波电路图及工作波形图

（a）升降压斩波电路原理图；（b）电力开关器件导通状态等效电路；
（c）电力开关器件关断状态等效电路；（d）升降压斩波电路工作波形

2. 电路的工作原理

开关 T 导通时，电源 U_d 经 T 向 L 供电使其储能，此时二极管 VD 反偏，流过 VT 的电流为 I_1。由于 VD 反偏截止，电容 C 向负载 R 提供能量并维持输出电压基本稳定，负载 R 及电容 C 上的电压极性为上负下正，与电源极性相反。

T 关断时，电感 L 极性变反，VD 正偏导通，L 中储存的能量通过 VD 向负载释放，电流为 I_2，同时电容 C 被充电储能。负载 R 也得到电感 L 提供的能量，负载电压极性为上负下正，与电源电压极性相反。

稳态时，一个周期 T 内电感 L 两端电压 u_L 对时间的积分为零，即

$$\int_0^T u_L \mathrm{d}t = 0$$

当开关 T 处于通态期间，$u_L = U$；而当开关 T 处于断态期间，$u_L = -u_o$。于是有

$$U_d t_{on} = U_o t_{off}$$

所以输出电压为

$$U_o = \frac{t_{on}}{t_{off}} U_d = \frac{t_{on}}{T - t_{on}} U_d = \frac{D}{1 - D} U_d$$

上式中，若改变占空比 D，则输出电压既可高于电源电压，也可能低于电源电压。

由此可知，当 $0 < D < 1/2$ 时，斩波器输出电压低于直流电源输入，此时为降压斩波器。当 $1/2 < D < 1$ 时，斩波器输出电压高于直流电源输入，此时为升压斩波器。

4.3.5　库克变换电路

库克（Cuk）变换电路属升降压型直流变换电路。

1. 电路的结构

电路具体结构如图 4-32（a）所示。电路的特点是：输出电压极性与输入电压相反，出入端电流纹波小，输出直流电压平稳，降低了对外部滤波电路的要求。

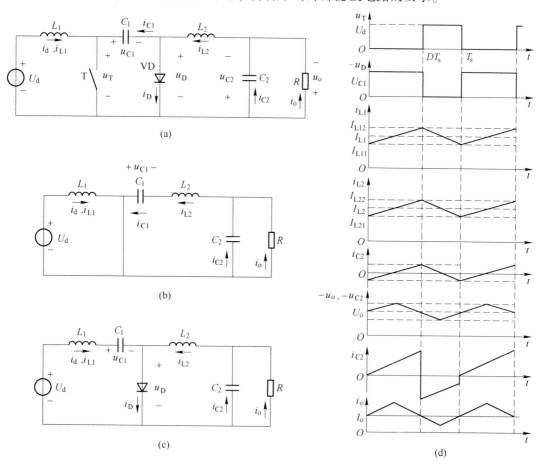

图 4-32　库克变换电路的原理图及其工作波形

（a）库克变换电路原理图；（b）二极管电流为零等效电路；
（c）二极管电流大于零等效电路；（d）库克变换电路工作波形

2. 电路的工作原理

（1）库克变换电路也有电流连续和断流两种工作情况，但这里不是指电感电流的断流，而是指流过二极管 VD 的电流连续或断流。等效电路如图 4-32（b）和（c）所示。

（2）工作情况。

1）电流连续。在开关管 T 的关断时间内，二极管电流总是大于零。

2）电流断流。在开关管 T 的关断时间内，二极管电流在一段时间内为零。

3）临界连续。二极管电流经 t_off 后，在下个开关周期 T_s 的开通时刻二极管电流正好降为零。

库克变换电路工作波形如图 4-32（d）所示。

知识拓展　IBM PC/XT 系列主机开关电源

图 4-2 所示为 IBM PC/XT 系列 PC 主机的开关电源电路，它是自激式开关稳压电源，主要由交流输入与整流滤波、自激开关振荡、稳压调控及自动保护电路等部分组成。

IBM PC/XT 系列 PC 主机开关电源电路的工作原理如下。

当接通电源时，110V 或 220V 交流电压经电源熔丝管 FU、热敏电阻 R_T 后，送至由 C_1、L_1、C_2 组成的交流抗干扰电路，将交流供电网中的高频杂波滤除后，再进入整流桥进行倍压整流或桥式整流（根据输入电压是 110V 还是 220V，由电源盒后面的开关 S 人工控制），并经 C_5、C_6 滤波后得到约 300V 的峰值直流电压。

由整流滤波输送来的 300V 峰值电压分两路给开关电路：一路经 R_1 及开关变压器 T_2 的 1F~1S 绕组加开关管 V_1 的 C 极；另一路经 R_2、R_3 降压提供 V_1 的 B 极的导通电压，使 V_1 导通，因此 V_1 的 C 极有电流通过，T_2 的 1F~1S 绕组有电流通过即产生感应电压耦合给二次侧。二次侧 2S~2F 绕组又把感应电压经 R_6、C_9 控制变压器 T_1 的 3~6 绕组，R_9、L_4 正反馈到开关管 V_1 的 B 极，使 V_1 的 B 极电流保持不变，开关变压器 T_2 上各绕组感应电压消失，正反馈停止，V_1 退出饱和进入放大。此时 V_1 的 C 极电流瞬间急剧减少，开关变压器 T_2 的 1F~1S 绕组中的电流不能突变产生很强的反向感应电压耦合给二次侧，二次侧正反馈绕组的反向感应电压使 V_1 反偏截止。同时 C_9 通过 V_1 获得充电，V_1 截止后，T_2 的 1F~1S 绕组无电流通过，感应电压消失。C_9 通过控制变压器 T_1 的 3~6 绕组、L_4、V_1 的 E 极、R_7、R_8、T_2 的 2S~2F 绕组、R_6 形成回路放电，使 V_1 获得放电电流而重新导通，并重复以上过程。如此循环便形成了自激开关过程。T_2 的二次侧便得到了所需的脉冲电压，经整流滤波、稳压后送给负载。其中，开关变压器 T_2 的 7S~7E 绕组中的脉冲经 VD_{18} 整流、C_{18} 滤波，再由三端稳压器 7812 稳压后输出 −5V 电压；T_2 的 5S~5E 绕组中的脉冲经 VD_{14} 和 VD_{15} 整流、C_{22} 滤波后输出 +12V 电压；T_2 的 3S~3E 绕组中的脉冲经 VD_{16} 和 VD_{17} 整流、C_{24} 滤波后输出 +5V 电压。

稳压控制电路由 R_{22}、R_{23}、R_{P1}、IC_1（TL430）、V_3、控制变压器 T_1 等部分组成。

当某种原因使输出电压升高时，+5V 电压升高，经取样电路 R_{23}、RP_1、R_{22} 提供的取样电压升高，加到 IC_1R 端的电压升高，IC_1 的 K、A 端的电流增大，V_3 导通，控制变压器 T_1 的 2~1 绕组的电流增大，4~5 绕组的感应电压增大，V_2 导通。因 T_1 的 4~5 绕组为 50 匝，2~1 绕组也为 50 匝，而 3~6 绕组为 4 匝，所以 3~6 绕组的感应电压很小，对开关管

V_1 基本不产生影响，而 V_2 导通使 VT_1 提前截止，导通时间缩短，输出电压下降直至稳压输出。

开关管的限流保护电路由 R_8、V_2 为核心组成。当 V_1 的射极脉冲电流增大时，R_8 上的感应电压升高，V_2 导通程度增大，对 V_1 的基极分流增大，使 V_1 的 C 极电流减少，达到限电流保护目的。

+5V 的过电压保护电路由稳压管 VDZ_1、晶闸管 VT_1 组成。当 +5V 电压超过设定的最大值时，稳压管 VDZ_1 击穿导通，晶闸管 VT_1 导通，使 +12V 对地短路，电源停止工作，起到过电压保护作用。

实 践 提 高

实训 1　全控型电力电子器件的特性测试

扫一扫查看
全控型电力电子
器件的特性测试

1. 实训目的

（1）掌握各种全控型电力电子器件的工作特性。

（2）掌握各器件对触发信号的要求。

2. 实训所需挂件及附件（见表 4-1）

表 4-1　实训所需挂件及附件

序号	型　号	备　注
1	DJK01 电源控制屏	该控制屏包含"三相电源输出"等几个模块
2	DJK06 给定及实验器件	该挂件包含"二极管"等几个模块
3	DJK07 新器件特性实验	
4	DJK09 单相调压与可调负载	
5	万用表	自备

3. 实训线路及原理

将全控型电力电子器件（包括 GTO、MOSFET、GTR、IGBT）和负载电阻 R 串联后接至直流电源的两端，由 DJK06 上的给定为新器件提供触发电压信号，给定电压从零开始调节，直至器件触发导通，从而可测得在上述过程中器件的 V/A 特性；图中的电阻 R 用 DJK09 上的可调电阻负载，将两个 90Ω 的电阻接成串联形式，最大可通过电流为 1.3A；直流电压和电流表可从 DJK01 电源控制屏上获得，四种电力电子器件均在 DJK07 挂箱上；直流电源从电源控制屏的输出接 DJK09 上的单相调压器，然后调压器输出接 DJK09 上整流及滤波电路，从而得到一个输出可以由调压器调节的直流电压源。具体接线如图 4-33 所示。

4. 实训步骤

（1）可关断晶闸管（GTO）特性测试。

按图 4-33 接线，首先将 GTO 接入主电路，在开始时，将 DJK06 上的给定电位器 RP_1 沿逆时针旋到底，S_1 拨到"正给定"侧，S_2 拨到"给定"侧，单相调压器逆时针调到底，

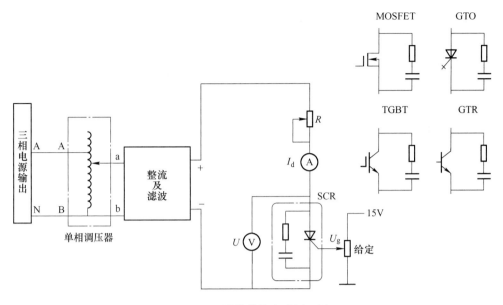

图 4-33　器件特性实验原理图

DJK09 上的可调电阻调到阻值为最大的位置；打开 DJK06 的电源开关，按下控制屏上的"启动"按钮，然后缓慢调节调压器，同时监视电压表的读数，当直流电压升到 40V 时，停止调节单相调压器（在以后的其他实验中，均不用调节）；调节给定电位器 RP_1，逐步增加给定电压，监视电压表、电流表的读数，当电压表指示接近零（表示管子完全导通），停止调节，记录给定电压 U_g 调节过程中回路电流 I_d 以及器件的管压降 U_v，将数据填入表 4-2。

表 4-2　器件特性测试数据表

GTO	U_g					
	I_d					
	U_v					
MOSFET	U_g					
	I_d					
	U_v					
GTR	U_g					
	I_d					
	U_v					

（2）按下控制屏的"停止"按钮，将管子分别换成电力场效应晶体管（MOSFET）、电力晶体管（GTR）和绝缘栅双极性晶体管（IGBT），重复上述步骤，并分别记录数据填于表 4-2。

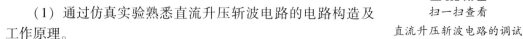

实训 2　直流升压斩波电路的调试

扫一扫查看
直流升压斩波电路的调试

1. 实训目的

（1）通过仿真实验熟悉直流升压斩波电路的电路构造及工作原理。

（2）根据仿真电路模型的实验结果观察电路的实际运行状态及输出波形。

2. 仿真步骤

启动 MATLAB，进入 Simulink 后新建一个仿真模型的新文件，并布置好各元器件，如图 4-34 所示。

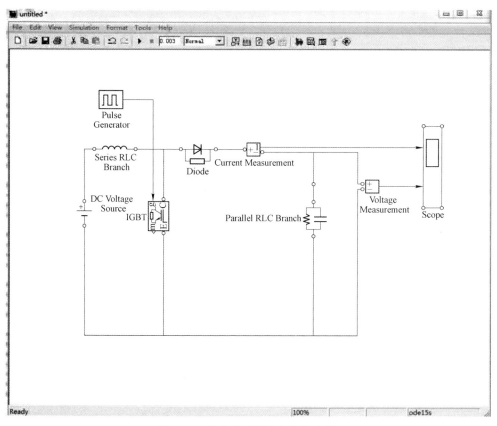

图 4-34　直流升压斩波电路仿真图

3. 参数设置

负载参数设置：电源电压 200V、串联电感 0.0001H。负载电阻设为 5Ω，电感为无穷大 inf，电容无穷大 0.0001F。

脉冲发生器的参数设置：振幅 1、周期 0.0002、脉宽 50、控制角（延迟时间）03，选择算法为 ode15s，stop time 设为 0.003。单击开始控件。仿真完成后就可以通过示波器来观察仿真的结果，如图 4-35 所示。

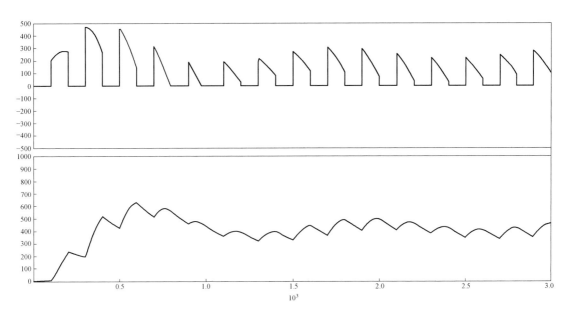

图 4-35　直流升压斩波电路仿真输出波形

巩固与提高

1. 请列举出四种全控型电力电子器件，写出图形符号，哪些是电流型驱动器件？哪些是电压型驱动器件？并简述它们的特点。

2. 什么是直流斩波电路？直流斩波电路在改变负载的直流电压时，常用的控制方式有哪三种？

3. 试述直流斩波电路的主要应用领域。

4. 直流斩波电路按照输入电压与输出电压的高低变化来分类有哪些？

5. 某降压式斩波电路，输入电压为 $27\times(1\pm10\%)$ V，输出电压为 15V，求占空比 D 变化范围。

6. 有一降压斩波电路，$U=120$V，负载电阻 $R=6\Omega$，开关周期性通断，通 30μs，断 20μs，忽略开关导通压降，电感 L 足够大。试求负载电流及负载上的功率。

7. 结合图 4-29（a），简述降压斩波电路的工作原理。

8. 结合图 4-30（a），简述升压斩波电路的工作原理。

9. 在图 4-30（a）所示升压斩波电路中，已知 $U=50$V，$R=20\Omega$，L、C 足够大，采用脉宽控制方式，当 $T=40$μs，$t_{on}=20$μs 时，计算输出电压平均值 U_o 和输出电流平均值 I_o。

模块 5　中频感应加热电源的安装和维护

模块引入

　　随着我国工业化进程的飞速发展，感应加热领域也在快速发展。由于环保要求及煤炭涨价，用焦煤加热不仅不符合环保要求，而且在价格和经济上也非常不合算。感应加热电源是一种利用整流电路将交流电整流为直流电，经平波电抗器平波后，成为一个恒定的直流电流源，再经单相逆变电路，把直流电流逆变成中频或高频交流电（0.3~300kHz 或更高）的装置，目前应用非常广泛，特别在感应加热工业中应用更为普遍。

　　根据输出频率不同，感应加热电源大致可以分为：超音频感应加热设备、高频感应加热设备、中频感应加热设备。频率越高加热的深度越浅，中频一般指 1000~8000Hz。中频感应加热电源在车刀、铣刀、金刚石工具、薄壁钻头等工具的钎焊方面，小零件热处理，金、银、铜等贵金属的熔炼方面具有广泛的应用，具有节能、效率高、环保、加热快等优点。图 5-1 所示为常见的中频感应加热装置。

图 5-1　中频感应加热装置

学习目标

　　（1）了解中频感应加热电源的基本原理及应用。
　　（2）掌握中频感应加热电源的组成和其工作原理。
　　（3）掌握三相半波可控整流和三相桥式全控整流电路的工作原理。
　　（4）掌握逆变主电路的工作原理。
　　（5）会连接和调试三相可控整流电路。

任务 5.1　中频感应加热电源概述

5.1.1　感应加热的原理

　　1831 年，英国物理学家法拉第发现了电磁感应现象，并且提出了相应的理论解释。其内容为：当电路围绕的区域内存在交变的磁

扫一扫查看
认识中频感应加热电源

场时，电路两端就会感应出电动势，如果形成闭合回路就会产生感应电流。电流的热效应可用来加热。

例如，图 5-2 中两个线圈相互耦合在一起，在第一个线圈中接通直流电流（即将图中开关 S 闭合）或切断电流（即将图中开关 S 打开），此时在第二个线圈所接的电流表中可以看出有某一方向或反方向的摆动。这种现象称为电磁感应现象，第二个线圈中的电流称为感应电流，第一个线圈称为感应线圈。

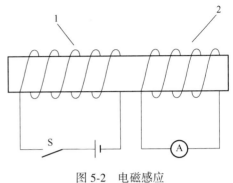

图 5-2　电磁感应
1—第一个线圈；2—第二个线圈

若第一个线圈的开关 S 不断地接通和断开，则在第二个线圈中也将不断地感应出电流。每秒内通断次数越多（即通断频率越高），则感生电流将会越大。若第一个线圈中通以交流电流，则第二个线圈中也感应出交流电流。不论第二个线圈的匝数为多少，即使只有一匝也会感应出电流。如果第二个线圈的直径略小于第一个线圈的直径，并将它置于第一个线圈之内，则这种电磁感应现象更为明显，因为这时两个线圈耦合得更为紧密。

如果在一个钢管上绕了感应线圈，钢管可以看作有一匝直接短接的第二线圈。当感应线圈内通以交流电流时，在钢管中将感应出电流，从而产生交变的磁场，再利用交变磁场来产生涡流达到加热的效果。平常在 50Hz 的交流电流下，这种感生电流不是很大，所产生的热量使钢管温度略有升高，不足以使钢管加热到热加工所需温度（常为 1200℃ 左右）。如果增大电流和提高频率（相当于提高了开关 S 的通断频率）都可以增加发热效果，则钢管温度就会升高。控制感应线圈内电流的大小和频率，可以将钢管加热到所需温度进行各种热加工。所以感应电源通常需要输出高频大电流。

5.1.2　利用高频电源加热的方法

利用高频电源来加热通常有两种方法：电介质加热（利用高频电压，如微波炉加热等）和感应加热（利用高频电流，如密封包装等）。

1. 电介质加热

通常用来加热不导电材料，如木材、橡胶等。微波炉就是利用这个原理，如图 5-3 所示。

当高频电压加在两极板层上，就会在两极之间产生交变的电场。需要加热的介质处于交变的电场中，介质中的极性分子或离子就会随着电场做同频的旋转或振动，从而产生热量，达到加热效果。

2. 感应加热

感应加热原理为产生交变的电流，从而产生交变的磁场，再利用交变磁场来产生涡流达到加热的效果，如图 5-4 所示。

5.1.3　感应加热发展历史

感应加热来源于法拉第发现的电磁感应现象，也就是交变的电流会在导体中产生感应电流，从而导致导体发热。长期以来，技术人员都对这一现象有较好了解，并且在各种场

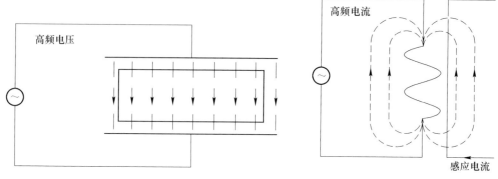

图 5-3 电介质加热示意图   图 5-4 感应加热示意图

合尽量抑制这种发热现象，来减小损耗。比较常见的如开关电源中的变压器设计，通常设计人员会用各种方法来减小涡流损耗，来提高效率。然而在 19 世纪末期，技术人员又发现这一现象的有利面，就是可以将之利用到加热场合，来取代一些传统的加热方法，因为感应加热有以下优点：

（1）非接触式加热，热源和受热物件可以不直接接触。

（2）加热效率高，速度快，可以减小表面氧化现象。

（3）容易控制温度，提高加工精度。

（4）可实现局部加热。

（5）可实现自动化控制。

（6）可减小占地、热辐射、噪声和灰尘。

中频感应加热电源是一种利用晶闸管元件将三相工频电流变换成某一频率的中频电流的装置，主要是在感应熔炼和感应加热的领域中代替以前的中频发电机组。中频发电机组体积大，生产周期长，运行噪声大，而且它是输出一种固定频率的设备，运行时必须随时调整电容大小才能保持最大输出功率，这不但增加了不少中频接触器，而且操作起来也很烦琐。

晶闸管中频电源与这种中频机组比，除具有体积小、重量轻、噪声小、投产快等明显优点外，最主要还有下列一些优点：

（1）降低电力消耗。中频发电机组效率低，一般为 80%~85%，而晶闸管中频装置的效率可达到 90%~95%，而且中频装置启动、停止方便，在生产过程中短暂的间隙都可以随时停机，从而使空载损耗减小到最低限度（这种短暂的间隙，机组是不能停下来的）。

（2）中频电源输出频率是随着负载参数的变化而变化的，所以保证装置始终运行在最佳状态，不必像机组那样频繁调节补偿电容。

5.1.4 中频感应加热电源的用途

感应加热的最大特点是将工件直接加热，工人劳动条件好、工件加热速度快、温度容易控制等，因此应用非常广泛。它主要用于淬火、透热、熔炼、各种热处理等方面。

1. 淬火

淬火热处理工艺在机械工业和国防工业中得到了广泛的应用。它是将工件加热到一定温度后再快速冷却下来，以此增加工件的硬度和耐磨性。图 5-5 为中频电源对螺钉刀口淬火。

2. 透热

在加热过程中使整个工件的内部和表面温度大致相等，叫作透热。透热主要用在锻造弯管等加工前的加热等。中频电源用于弯管的过程如图 5-6 所示。在钢管待弯部分套上感应圈，通入中频电流后，在套有感应圈的钢管上的带形区域内被中频电流加热，经过一定时间，温度升高到塑性状态，便可以进行弯制了。

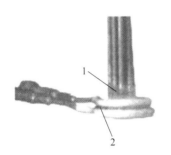

图 5-5　螺钉刀口淬火
1—螺钉刀口；2—感应线圈

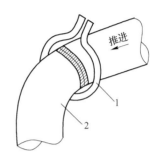

图 5-6　弯管的工作过程
1—感应线圈；2—钢管

3. 熔炼

中频电源在熔炼中的应用最早，图 5-7 为中频感应熔炼炉，线圈用铜管绕成，里面通水冷却。线圈中通过中频交流电流就可以使炉中的炉料加热、熔化，并将液态金属再加热到所需温度。

4. 钎焊

钎焊是将钎焊料加热到融化温度而使两个或几个零件连接在一起，通常的锡焊和铜焊都是钎焊。图 5-8 是铜洁具钎焊，主要应用于机械加工、采矿、钻探、木材加工等行业使用的硬质合金车刀、铣刀、刨刀、铰刀、锯片、锯齿的焊接，及金刚石锯片、刀具、磨具、钻具、刀具的焊接。其他金属材料的复合焊接，如眼镜部件、铜部件、不锈钢锅。

图 5-7　熔炼炉
1—感应线圈；2—金属溶液

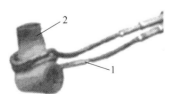

图 5-8　铜洁具钎焊
1—感应线圈；2—零件

5.1.5　中频感应加热电源的组成

　　目前应用较多的中频感应加热电源主要由可控或不可控整流电路、滤波器、逆变器和一些控制保护电路组成。工作时，三相工频（50Hz）交流电经整流器整流成脉动直流电，经过滤波器变成平滑的直流电送到逆变器。逆变器把直流电转变成频率较高的交流电流送给负载。中频感应加热电源组成框图如图 5-9 所示。

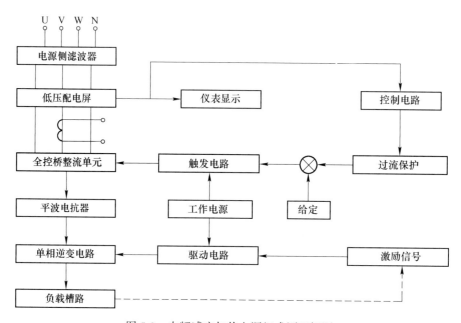

图 5-9　中频感应加热电源组成原理框图

1. 整流电路

中频感应加热电源装置的整流电路设计一般要满足以下要求：

（1）整流电路的输出电压在一定的范围内可以连续调节。

（2）整流电路的输出电流连续，且电流脉动系数小于一定值。

（3）整流电路的最大输出电压能够自动限制在给定值，而不受负载阻抗的影响。

（4）当电路出现故障时，电路能自动停止直流功率输出，整流电路必须有完善的过电压、过电流保护措施。

（5）当逆变器运行失败时，能把储存在滤波器的能量通过整流电路返回工频电网，保护逆变器。

2. 逆变电路

　　由逆变晶闸管、感应线圈、补偿电容共同组成逆变器，将直流电变成中频交流电给负载供电。为了提高电路的功率因数，需要调谐电容器向感应加热负载提供无功能量。根据电容器与感应线圈的连接方式可以把逆变器分为以下几种类型：

（1）串联逆变器：电容器与感应线圈组成串联谐振电路。

（2）并联逆变器：电容器与感应线圈组成并联谐振电路。

（3）串、并联逆变器：综合以上两种逆变器的特点。

3. 平波电抗器

平波电抗器在电路中起到很重要的作用，归纳为以下几点：

（1）续流：保证逆变器可靠工作。

（2）平波：使整流电路得到的直流电流比较平滑。

（3）电气隔离：它连接在整流和逆变电路之间，起到隔离作用。

（4）限制电路电流的上升率（di/dt）值，逆变失败时，保护晶闸管。

4. 控制电路

中频感应加热装置的控制电路比较复杂，一般包括整流触发电路、逆变触发电路、启动停止控制电路。

（1）整流触发电路。整流触发电路主要是保证整流电路正常可靠工作，产生的触发脉冲必须达到以下要求：

1）产生相位互差 60° 的脉冲，依次触发整流电路的晶闸管；

2）触发脉冲的频率必须与电源电压的频率一致；

3）采用单脉冲时，脉冲的宽度应该大于 90° 小于 120°；采用双脉冲时，脉冲的宽度为 25°~30°，脉冲的前沿相隔 60°；

4）输出脉冲有足够的功率，一般为可靠触发功率的 3~5 倍；

5）触发电路有足够的抗干扰能力；

6）控制角能在 0°~170° 平滑移动。

（2）逆变触发电路。加热装置对逆变触发电路的要求如下：

1）具有自动跟踪能力；

2）良好的对称性；

3）有足够的脉冲宽度，触发功率，脉冲的前沿有一定的陡度；

4）有足够的抗干扰能力。

（3）启动、停止控制电路。启动、停止控制电路主要控制装置的启动、运行、停止，一般由按钮、继电器、接触器等电气元件组成。

5. 保护电路

中频装置的晶闸管的过载能力较差，系统中必须有比较完善的保护措施，比较常用的有阻容吸收装置和硒堆（抑制电路内部过电压），电感线圈、快速熔断器等元件（限制电流变化率和过电流保护）。另外，还必须根据中频装置的特点，设计安装相应的保护电路。

任务 5.2　三相半波可控整流电路

单相可控整流电路线路简单，价格便宜，制造、调整、维修都比较容易，但其输出的直流电压脉动大。又因为它接在三相电网的一相上，当容量较大时易造成三相电网的不平衡。因而只用在容量较小的地方。当整流负载容量较大，一般负载功率超过 4kW，要求直流电压脉动较小时，可以采用三相可控整流电路。三相可控整流电路形式很多，有三相半波、三相桥式全控、三相桥式半控等，但三相半波是最基本的组成形式，其他类型可看成三相半波电路以不同方式串联或并联而成。

扫一扫查看
中频感应加热电源
的整流主电路

5.2.1 三相半波可控整流电路电阻性负载

1. 电路结构

三相半波可控整流电路如图 5-10 所示。Tr 为三相整流变压器，晶闸管 VT$_1$、VT$_3$、VT$_5$的阳极分别与变压器的 U、V、W 三相相连，3 只晶闸管的阴极接在一起经负载电阻 R_d 与变压器的中性线相连，它们组成共阴极接法电路。

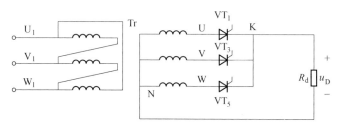

图 5-10 三相半波可控整流电路电阻性负载电路

设二次绕组 U 相电压的初相位为零，相电压有效值为 U_2，则对称三相电压的瞬时值表达式为：

$$u_U = \sqrt{2}\,U_2\sin\omega t$$
$$u_V = \sqrt{2}\,U_2\sin(\omega t - 2\pi/3)$$
$$u_W = \sqrt{2}\,U_2\sin(\omega t + 2\pi/3)$$

电源电压是不断变化的，三相中哪一相所接的晶闸管可被触发导通呢？根据晶闸管的单向导电原理，取决于三只晶闸管各自所接的 u_U、u_V、u_W 中哪一相电压瞬时值最高，则该相所接晶闸管可被触发导通，而另外两管则承受反向电压而阻断。

三相电源如图 5-11 中的 1、3、5 交点为电源相电压正半周的相邻交点，称为自然换相点，也就是三相半波可控整流电路各相晶闸管控制角 α 的起点，即 $\alpha = 0°$ 的点。由于自然换相点距相电压原点为 30°，所以触发脉冲距对应相电压的原点为 30°+α。下面分析当触发控制角 α 不同时，整流电路的工作原理。

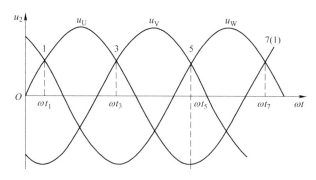

图 5-11 三相电源电压波形

2. 工作原理

（1）控制角 $\alpha = 0°$。

当 $\alpha = 0°$ 时，晶闸管 VT_1、VT_3、VT_5 相当于 3 只整流二极管，如图 5-12 所示，工作原理分析如下：

$\omega t_1 \sim \omega t_3$ 期间，u_U 瞬时值最高，U 相所接的晶闸管 VT_1 触发导通，输出电压 $u_d = u_U$，V 相和 W 相所接 VT_3、VT_5 承受反向线电压而阻断。

$\omega t_3 \sim \omega t_5$ 期间，u_V 瞬时值最高，V 相所接的晶闸管 VT_3 触发导通，输出电压 $u_d = u_V$，VT_1、VT_5 承受反向线电压而阻断。

$\omega t_5 \sim \omega t_7$ 期间，u_W 瞬时值最高，W 相所接的晶闸管 VT_5 触发导通，输出电压 $u_d = u_W$，VT_1、VT_3 承受反向线电压而阻断。

依次循环，每个晶闸管导通 $120°$，三相电源轮流向负载供电，负载电压 u_d 为三相电源电压正半周包络线。

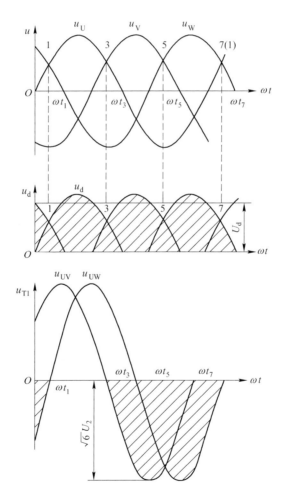

图 5-12 三相半波可控整流电路电阻性负载 $\alpha = 0°$ 的波形图

ωt_1、ωt_3、ωt_5 时刻所对应的 1、3、5 三个点，称为自然换相点，分别是 3 只晶闸管轮换导通的起始点。自然换相点也是各相所接晶闸管可能被触发导通的最早时刻，在此之前由于晶闸管承受反向电压，不能导通，因此把自然换相点作为计算触发控制角 α 的起点，

即该点时 $\alpha = 0°$，对应于 $\omega t = 30°$。

在控制角 $\alpha = 0°$ 时，晶闸管 VT_1 的电压波形如图 5-12 所示，分析如下：

$\omega t_1 \sim \omega t_3$ 期间，VT_1 导通，管压降为零；

$\omega t_3 \sim \omega t_5$ 期间，晶闸管 VT_3 导通，VT_1 承受反向线电压 u_{UV}；

$\omega t_5 \sim \omega t_7$ 期间，晶闸管 VT_5 导通，VT_1 承受反向线电压 u_{UW}。

（2）控制角 $\alpha = 30°$。

图 5-13 所示为当 $\alpha = 30°$ 时的波形。假设电路已在工作，W 相所接的晶闸管 VT_5 导通，经过自然换相点"1"时，由于 U 相所接晶闸管 VT_1 的触发脉冲尚未送到，故无法导通。于是 VT_5 管仍承受 u_W 正向电压继续导通，直到过 U 相自然换相点"1"点 $30°$，即 $\alpha = 30°$ 时，晶闸管 VT_1 被触发导通，输出直流电压波形由 u_W 换成为 u_U，波形如图 5-13 所示。VT_1 的导通使晶闸管 VT_5 承受 u_{UW} 反向电压而被强迫关断，负载电流 i_d 从 W 相换到 U 相。依次类推，其他两相也依次轮流导通与关断。负载电流 i_d 波形与 u_d 波形相似，而流过晶闸管 VT_1 的电流 i_{T1} 波形是 i_d 波形的 1/3 区间，如图 5-13 所示。当 $\alpha = 30°$ 时，晶闸管 VT_1 两端的电压 u_{T1} 波形如图 5-13 所示，它可分成 3 部分，晶闸管 VT_1 本身导通，$u_{T1} = 0$；VT_3 导通时，$u_{T1} = u_{UV}$；VT_5 导通时，$u_{T1} = u_{UW}$。

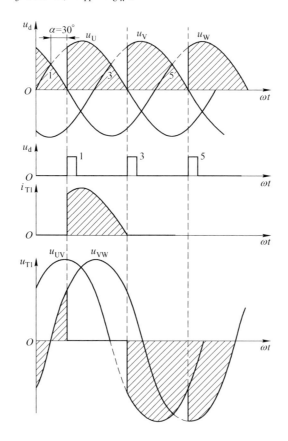

图 5-13　三相半波可控整流电路电阻性负载 $\alpha = 30°$ 的波形图

（3）控制角 $\alpha = 60°$。

图 5-14 所示为当 $\alpha = 60°$ 时的波形，其输出电压 u_d 的波形及负载电流 i_d 的波形均已断续，3 只晶闸管都在本相电源电压过零时自行关断。晶闸管的导通角显然小于 120°，仅为 $\theta_T = 90°$。晶闸管 VT_1 两端的电压 u_{T1} 的波形如图 5-14 所示，器件本身导通时，$u_{T1} = 0$；相邻器件导通时，要承受电源线电压，即 $u_{T1} = u_{UV}$ 与 $u_{T1} = u_{UW}$；当 3 只晶闸管均不导通时，VT_1 承受本身 U 相电源电压，即 $u_{T1} = u_U$。

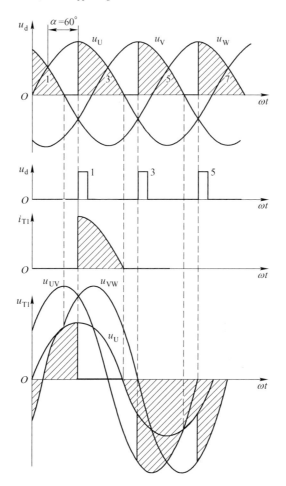

图 5-14　三相半波可控整流电路电阻性负载 $\alpha = 60°$ 的波形图

根据以上分析，当触发脉冲后移到 $\alpha = 150°$ 时，由于晶闸管已不再承受正向电压而无法导通，$u_d = 0V$。

（4）结论。

由以上分析可以得出如下结论：

1）改变晶闸管控制角，就能改变整流电路输出电压的波形。当 $\alpha = 0°$ 时，输出电压最大；α 角增大，输出电压减小；$\alpha = 150°$ 时，输出电压为零。三相半波可控整流电路的移相范围是 $0° \sim 150°$。

2）当 $\alpha \leqslant 30°$ 时，u_d 的波形连续，各相晶闸管的导通角均为 $\theta = 120°$；当 $\alpha > 30°$ 时，u_d 波

形出现断续, 晶闸管关断点均在各自相电压过零点, 晶闸管导通角 $\theta < 120°$($\theta = 150° - \alpha$)。

3) 在波形连续时, 晶闸管阳极承受的电压波形由 3 段组成: 晶闸管导通时, 晶闸管两端电压为零 (忽略管压降), 其他任一相导通时, 晶闸管承受相应的线电压; 波形断续时, 3 个晶闸管均不导通, 管子承受的电压为所接相的相电压。

3. 参数计算

(1) 整流输出电压 U_d 的平均值计算。

当 $0° \leqslant \alpha \leqslant 30°$ 时, 此时电流波形连续, 通过分析可得到

$$U_d = \frac{3}{2\pi}\int_{\frac{\pi}{6}+\alpha}^{\frac{5\pi}{6}+\alpha}\sqrt{2}U_2\sin\omega t \mathrm{d}(\omega t) = 1.17U_2\cos\alpha$$

当 $30° \leqslant \alpha \leqslant 150°$ 时, 此时电流波形断续, 通过分析可得到

$$U_d = \frac{3}{2\pi}\int_{\frac{\pi}{6}+\alpha}^{\pi}\sqrt{2}U_2\sin\omega t \mathrm{d}(\omega t) = 0.675U_2\left[1 + \cos\left(\frac{\pi}{6} + \alpha\right)\right]$$

(2) 直流输出平均电流 I_d。

$$I_d = U_d/R_d$$

(3) 流过晶闸管的电流的平均值 I_{dT}。

$$I_{dT} = \frac{1}{3}I_d$$

(4) 晶闸管两端承受的最大正反向电压。

由前面的波形分析可以知道, 晶闸管承受的最大反向电压为变压器二次侧线电压的峰值。电流断续时, 晶闸管承受的是电源的相电压, 所以晶闸管承受的最大正向电压为相电压的峰值。

$$U_{TM} = \sqrt{6}U_2$$

5.2.2　三相半波可控整流电路大电感性负载

1. 电路结构和工作原理

三相半波可控整流电路大电感负载电路如图 5-15 (a) 所示。只要输出电压平均值 U_d 不为零, 晶闸管导通角均为 120°, 与触发控制角 α 无关, 其电流波形近似为方波, 图 5-15 (c)、(e) 分别为 $\alpha = 20°$ 和 $\alpha = 60°$ 时负载电流波形。

图 5-15 (b)、(d) 所示分别为 $\alpha = 20°$ ($0° \leqslant \alpha \leqslant 30°$ 区间)、$\alpha = 60°$ ($30° < \alpha \leqslant 90°$ 区间) 时输出电压 u_d 波形。由于电感 L_d 的作用, 当 $\alpha > 30°$ 后, u_d 波形出现负值, 如图 5-15 (d) 所示。当负载电流从大变小时, 即使电源电压过零变负, 在感应电动势的作用下, 晶闸管仍承受正向电压而维持导通。只要电感量足够大, 晶闸管导通就能维持到下一相晶闸管被触发导通为止, 随后承受反向线电压而被强迫关断。尽管 $\alpha > 30°$ 后, u_d 波形出现负面积, 但只要正面积能大于负面积, 其整流输出电压平均值总是大于零, 电流 i_d 可连续平稳。

显然, 当触发脉冲后移到 $\alpha = 90°$ 后, u_d 波形的正、负面积相等, 其输出电压平均值 u_d 为零, 所以大电感负载不接续流二极管时, 其有效的移相范围只能为 $\alpha = 0° \sim 90°$。

晶闸管两端电压波形与电阻性负载分析方法相同。

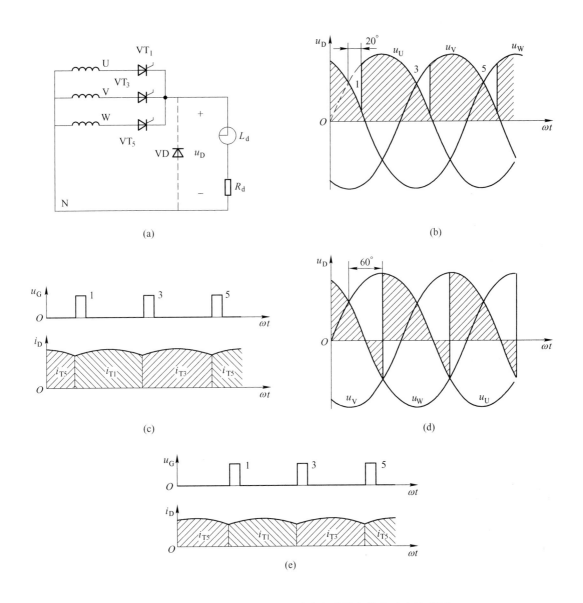

图 5-15　三相半波可控整流电路大电感性负载电路和波形图
（a）电路图；（b）$\alpha = 20°$时输出电压波形；（c）$\alpha = 20°$时流过负载电流波形；
（d）$\alpha = 60°$时输出电压波形；（e）$\alpha = 60°$时流过负载电流波形

2. 参数计算

（1）输出电压平均值 U_{d}。

$$U_{\mathrm{d}} = \frac{3}{2\pi} \int_{\frac{\pi}{6}+\alpha}^{\frac{5\pi}{6}+\alpha} \sqrt{2} U_2 \sin\omega t \mathrm{d}(\omega t) = 1.17 U_2 \cos\alpha$$

由上式可以看出，大电感负载 U_{d} 的计算公式与电阻性负载在 $0° \leqslant \alpha \leqslant 30°$时的 U_{d}公式相同。在 $\alpha > 30°$后，u_{d}波形出现负面积，在同一 α 角时，U_{d}值将比电阻负载时小。

（2）负载电流平均值。

$$I_d = \frac{U_d}{R_d}$$

（3）流过晶闸管的电流平均值 I_{dT}、有效值 I_T 及承受的最大正、反向电压 U_{TM} 分别为：

$$I_{dT} = \frac{1}{3}I_d \qquad I_T = \sqrt{\frac{1}{3}}I_d \qquad U_{TM} = \sqrt{6}\,U_2$$

5.2.3　三相半波可控整流电路大电感性负载接续流二极管

1. 电路结构和工作原理

为了避免波形出现负值，可在大电感负载两端并接续流二极管 VD，如图 5-15（a）所示，以提高输出平均电压值，改善负载电流的平稳性，同时扩大移相范围。为由于续流二极管的作用，u_d 波形已不出现负值，与电阻性负载 u_d 波形相同。

图 5-16（a）（b）所示为接入续流二极管后，α 分别为 30° 和 60° 时的电压、电流波形。可见，在 0°≤α≤30° 区间，电源电压均为正值，u_d 波形连续，续流二极管不起作用；当 30°≤α≤150° 区间，电源电压出现过零变负时，续流二极管及时导通为负载电流提供续流回路，晶闸管承受反向电源相电压而关断。这样 u_d 波形断续但不出现负值。续流二极管 VD 起作用时，晶闸管与续流二极管的导通角分别为

$$\theta_T = 150° - \alpha \qquad \theta_D = 3(\alpha - 30°)$$

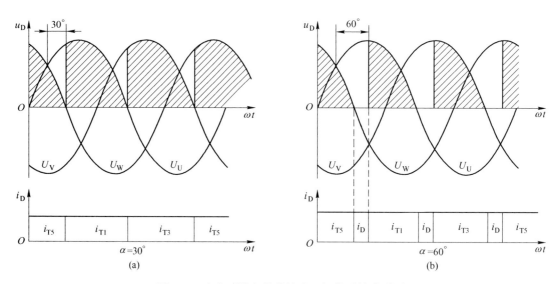

图 5-16　大电感性负载接续流二极管后的波形图

（a）α = 30°输出电压电流波形；（b）α = 60°输出电压电流波形

2. 参数计算

通过分析波形，可得以下结论：

（1）在 0°≤α≤30° 区间，u_d 波形无负压出现，和电阻性负载时一样，续流二极管不起作用。

整流电路输出直流电压平均值 U_d 和输出直流电流平均值 I_d 为

$$U_d = \frac{3}{2\pi} \int_{\frac{\pi}{6}+\alpha}^{\frac{5\pi}{6}+\alpha} \sqrt{2} U_2 \sin\omega t d(\omega t) = 1.17 U_2 \cos\alpha \qquad I_d = \frac{U_d}{R_d}$$

流过晶闸管的电流平均值 I_{dT}、有效值 I_T 及承受的最大正、反向电压 U_{TM} 分别为

$$I_{dT} = \frac{1}{3} I_d \qquad I_T = \sqrt{\frac{1}{3}} I_d \qquad U_{TM} = \sqrt{6} U_2$$

（2）当 $30° < \alpha \leqslant 150°$ 区间，电源电压出现过零变负时，续流管及时导通为负载电流提供续流回路，晶闸管承受反向电源相电压而关断。这样 u_d 波形断续但不出现负值。续流管 VD 起作用时，所以此电路 α 的范围是 $0° \sim 150°$，晶闸管与续流管的导通角分别为：

$$\theta_T = 150° - \alpha \qquad \theta_D = 3 \times (\alpha - 30°)$$

整流电路输出直流电压平均值 U_d 和输出直流电流平均值 I_d 为

$$U_d = \frac{3}{2\pi} \int_{\frac{\pi}{6}+\alpha}^{\pi} \sqrt{2} U_2 \sin\omega t d(\omega t) = 0.675 U_2 \left[1 + \cos\left(\frac{\pi}{6} + \alpha\right) \right] \qquad I_d = \frac{U_d}{R_d}$$

流过晶闸管的电流平均值 I_{dT}、有效值 I_T 及承受的最大正、反向电压 U_{TM} 分别为：

$$I_{dT} = \frac{150° - \alpha}{360°} I_d \qquad I_T = \sqrt{\frac{150° - \alpha}{360°}} I_d \qquad U_{TM} = \sqrt{6} U_2$$

流过续流二极管管的电流平均值 I_{dT}、有效值 I_T 及承受的最大正、反向电压 U_{TM} 分别为

$$I_{dD} = \frac{\alpha - 30°}{120°} I_d \qquad I_D = \sqrt{\frac{\alpha - 30°}{120°}} I_d \qquad U_{DM} = \sqrt{2} U_2$$

【例 5-1】 三相半波可控整流电路，大电感负载 $\alpha = 60°$，已知电感内阻 $R_d = 2\Omega$，电源电压 $U_2 = 220V$。试计算不接续流二极管与接续流二极管两种情况下的平均电压 U_d，平均电流 I_d，并选择晶闸管的型号。

解：

（1）不接续流二极管时：

$$U_d = 1.17 U_2 \cos\alpha = 1.17 \times 220 \times \cos60° = 128.7V$$

$$I_d = \frac{U_d}{R_d} = \frac{128.7}{2} = 64.35A$$

$$I_T = \frac{I_d}{\sqrt{3}} = 37.15A$$

$$I_{T(AV)} = (1.5 \sim 2) \frac{I_T}{1.57} = 35.5 \sim 47.3A$$

$$U_{Tn} = (2 \sim 3) U_{TM} = (2 \sim 3) \sqrt{6} U_2 = 1078 \sim 1616V$$

所以选择晶闸管型号为 KP50-12。

（2）接续流二极管时：

$$U_d = 0.675 U_2 \left[1 + \cos\left(\frac{\pi}{6} + \alpha\right) \right] = 0.675 \times 220 [1 + \cos(30° + 60°)] = 148.5V$$

$$I_d = \frac{U_d}{R_d} = \frac{148.5}{2} = 74.25A$$

$$I_{\mathrm{T}} = \sqrt{\frac{150° - 60°}{360°}} \times 74.25 = 37.15\mathrm{A}$$

$$I_{\mathrm{T(AV)}} = (1.5 \sim 2)\frac{I_{\mathrm{T}}}{1.57} = 35.5 \sim 47.3\mathrm{A}$$

所以选择晶闸管型号为 KP50-12。

通过计算表明：接续流二极管后，平均电压 U_{d} 提高，晶闸管的导通角由 120° 降到 90°，流过晶闸管的电流有效值相等，输出 I_{d} 提高。

任务 5.3　三相桥式全控可控整流电路

扫一扫查看
中频感应加热电源
的整流主电路

三相半波可控整流电路与单相电路比较，输出电压脉动小，输出功率大、三相负载平衡。但不足之处是整流变压器二次绕组每周期只有 1/3 时间有电流通过，且是单方向的，变压器使用率低，且直流分量造成变压器直流磁化。为此三相半波可控整流电路应用受到限制，在较大容量或性能要求高时，广泛采用三相桥式可控整流电路。

三相桥式全控整流电路多用于直流电动机或要求实现有源逆变的负载，为使负载电流连续平滑，改善直流电动机的机械特性，利于直流电动机换向及减小火花，一般要串入平波电抗器，相当于负载是含有反电动势的大电感负载。

5.3.1　共阳极的三相半波可控整流电路

三相半波可控整流电路，除了上面介绍的共阴极接法外，还有一种是把 3 只晶闸管的阳极连接在一起，而 3 个阴极分别接到三相交流电源上，这种接法称为共阳极接法，如图 5-17 所示。

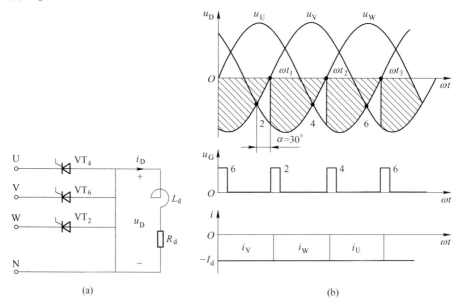

图 5-17　共阳极三相半波可控整流电路及其波形

(a) 电路图；(b) 波形图

共阳极接法电路工作原理与共阴极整流电路基本一致。同样，需要晶闸管承受正向电压即阳极电位高于阴极电位时，才可能导通。所以三只晶闸管中，哪个晶闸管的阴极电位最低，哪个晶闸管就有可能导通。由于共阳极接法，VT_2、VT_4 和 VT_6 的阴极分别接在三相交流电源 U_u、U_v、U_w 上，因此只能在电源相电压负半周时工作。显然，共阳极接法的 3 只晶闸管，VT_2、VT_4 和 VT_6 的自然换相点分别为下图中的 2、4 及 6 点。

图 5-17 所示为 $\alpha = 30°$ 时，共阳极接法的三相半波可控整流电路的电压与电流波形，在 ωt_1 时刻 W 相电压最负，晶闸管 VT_2 被触发导通，输出整流电压 u_d 为 u_W。到 ωt_2、ωt_3 时刻，VT_4 和 VT_6 管分别被触发导通，负载电压 u_d 依次为 u_U、u_V。

由图可见，输出电压 u_d 波形与共阴极接法相同，仅是电压极性相反，共阴接法时的 u_d 波形在横坐标的上方，而共阳极接法时 u_d 波形在下方。所以大电感负载时共阳极三相半波可控整流输出平均电压为

$$U_d = -1.17U_2\cos\alpha$$

式中，负号表示变压器中性线为 U_d 的正端，3 个连接在一起的阳极为负端。同样，流过整流变压器二次绕组与中性线的电流方向均与共阴极接法相反，电路计算与共阴极接法相同。

5.3.2　三相桥式全控可控整流电路电阻性负载

1. 电路结构

如图 5-18 所示，为三相桥式全控可控整流电路，它可以看成是由一组共阴接法和另一组共阳接法的三相半波可控整流电路串联而成。共阴极组 VT_1、VT_3、VT_5 在正半周导电，流经变压器的电流为正向电流；共阳极组 VT_2、VT_4、VT_6 在负半周导电，流经变压器的电流为反向电流。变压器每相绕组在正、负半周都有电流流过，因此，变压器绕组中没有直流磁通势，同时也提高了变压器绕组的利用率。

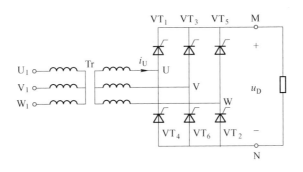

图 5-18　三相桥式全控可控整流电路电阻性负载

如图 5-19 所示，共阴极组有 VT_1、VT_3、VT_5，对应自然换相点是 1、3、5（三相交流电相电压正半周交点）；共阳极组有 VT_2、VT_4、VT_6，对应自然换相点是 2、4、6（三相交流电相电压负半周交点）。1~6 这六个点也是三相交流电线电压正半周的交点，它们即为触发这六只晶闸管控制角 α 的起始点。电路工作时，共阴组和共阳组各有一个晶闸管导通，才能构成电流的通路。

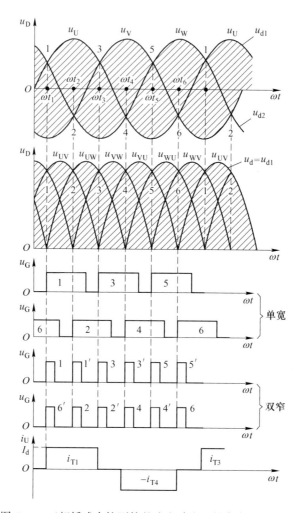

图 5-19　三相桥式全控可控整流电路电阻性负载 $\alpha=0°$ 波形

2. 控制角 $\alpha=0°$ 电路的分析

如图 5-19 所示。为分析方便，按六个自然换相点把一周等分为六区间段。在 1 点到 2 点之间，U 相电压最高，V 相电压最低，在触发脉冲的作用下，共阴极组的 VT_1 被触发导通，共阳极组的 VT_6 被触发导通。这期间电流由 U 相经 VT_1 流向负载，再经 VT_6 流入 V 相，负载上得到的电压为 $u_d=u_U-u_V=u_{UV}$，为线电压。在 2 点到 3 点之间，U 相电压仍然最高，VT_1 继续导通，但 W 相电压最低，使得 VT_2 承受正向电压，当 2 点触发脉冲到来时，VT_2 被触发导通，使 VT_6 承受反向电压而关断。这期间电流由 U 相经 VT_1 流向负载，再经 VT_2 流入 W 相，负载上得到的电压为 $u_d=u_U-u_W=u_{UW}$，为线电压。依次类推，得到输出电压 u_d 波形图，波形如图 5-19 所示，输出的电压为三相电源的线电压。

依次类推，得到以下结论：

（1）三相桥式全控可控整流电路任一时刻必须有两只晶闸管同时导通，才能形成负载电流，一只在共阳极组，一只在共阴极组。

（2）整流输出电压 u_d 波形由电源线电压 u_{UV}、u_{UW}、u_{VW}、u_{VU}、u_{WU} 和 u_{WV} 的轮流输

出组成。

（3）1~6 这六个点是 $VT_1 \sim VT_6$ 的也是自然换相点，也是电源线电压正半周的交点，它们即为触发这六只晶闸管控制角 α 的起始点。

（4）晶闸管导通顺序及输出电压关系如图 5-20 所示。

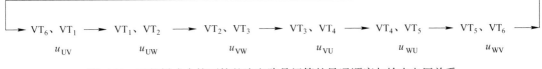

图 5-20　三相桥式全控可控整流电路晶闸管的导通顺序与输出电压关系

（5）每只晶闸管导通 120°，每隔 60° 由上一只晶闸管换到下一只晶闸管导通。

（6）变压器二次侧电流 i_U 波形的特点。VT_1 处于通态时，i_U 为正，波形的形状与同时段的 u_d 波形相同，在 VT_4 处于通态时，i_U 波形的形状也与同时段的 u_d 波形相同，但为负值。

3. 对触发脉冲的要求

为了保证三相桥式全控可控整流电路任一时刻有两只晶闸管同时导通，对将要导通的晶闸管施加触发脉冲，有以下两种方法可供选择。

（1）单宽脉冲触发。

如图 5-19 所示，每一个触发脉冲宽度在 80° 到 100° 之间，$\alpha = 0°$ 时在阴极组的自然换相点（1、3、5 点）分别对晶闸管 VT_1、VT_3、VT_5 施加触发脉冲 u_{g1}、u_{g3}、u_{g5}；在共阳极组的自然换相点（2、4、6 点）分别对晶闸管 VT_2、VT_4、VT_6 施加触发脉冲 u_{g2}、u_{g4}、u_{g6}。每隔 60° 由上一只晶闸管换到下一只晶闸管导通时，在后一触发脉冲出现时刻，前一触发脉冲还没有消失，这样就可保证在任一换相时刻都能触发两只晶闸管导通。

（2）双窄脉冲触发。

如图 5-19 所示，每一个触发脉冲宽度约 20°。触发电路在给某一只晶闸管送上触发脉冲的同时，也给前一只晶闸管补发一个脉冲—辅脉冲（即辅助脉冲）。图中 5-19 中，$\alpha = 0°$ 时在 1 点送上触发 VT_1 的 u_{g1} 脉冲，同时补发 VT_6 的 u_{g6} 脉冲。双窄脉冲的作用同单宽脉冲的作用是一样的。二者都是每隔 60° 按 1 至 6 的顺序输送触发脉冲，还可以触发一只晶闸管的同时触发另一只晶闸管导通。双窄脉冲虽复杂，但脉冲变压器体积小、触发装置的输出功率小，所以广泛被应用。

4. 控制角 $\alpha = 30°$ 电路的分析

波形如图 5-21 所示。这种情况与 $\alpha = 0°$ 时的区别在于：晶闸管起始导通时刻推迟了 30°，因此组成 u_d 的每一段线电压推迟 30°，从 ωt_1 开始把一周期等分为 6 段，u_d 波形仍由 6 段线电压构成。

5. 控制角 $\alpha = 60°$ 电路的分析

波形如图 5-22 所示。此时 u_d 的波形中每段线电压的波形继续后移，u_d 平均值继续降低。当 $\alpha = 60°$ 时 u_d 出现为零的点，即 $\alpha = 60°$ 时输出电压 u_d 的波形临界连续。但是每只晶闸管的导通角仍然为 120°。

6. 控制角 $\alpha = 90°$ 电路的分析

当 $\alpha = 90°$ 时，波形如图 5-23 所示。此时 $\alpha = 90°$ 的波形中每段线电压的波形继续后移，

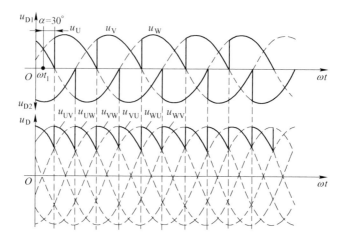

图 5-21　三相桥式全控可控整流电路电阻性负载 $\alpha = 30°$ 波形

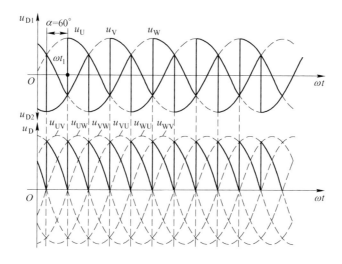

图 5-22　三相桥式全控可控整流电路电阻性负载 $\alpha = 60°$ 波形

u_d 平均值继续降低。u_d 波形断续，每个晶闸管的导通角小于 120°。由以上分析可知，电阻性负载时，三相全控可控整流电路的移相范围为 0° ~ 120°。

7. 参数计算

（1）负载电压平均值 U_d。

当 $\alpha \leqslant 60°$ 时，

$$U_d = \frac{1}{\pi/3} \int_{\frac{\pi}{3}+\alpha}^{\frac{2\pi}{3}+\alpha} \sqrt{6} U_2 \sin\omega t \mathrm{d}(\omega t) = \frac{3\sqrt{6}}{\pi} U_2 \cos\alpha = 2.34 U_2 \cos\alpha$$

当 $\alpha > 60°$ 时，

$$U_d = \frac{1}{\pi/3} \int_{\frac{\pi}{3}+\alpha}^{\pi} \sqrt{6} U_2 \sin\omega t \mathrm{d}(\omega t) = \frac{3\sqrt{6}}{\pi} U_2 \left[1 + \cos\left(\frac{\pi}{3} + \alpha\right) \right] = 2.34 U_2 \left[1 + \cos\left(\frac{\pi}{3} + \alpha\right) \right]$$

（2）负载电流平均值 I_d。

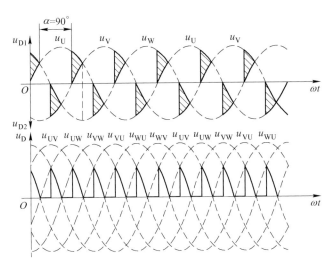

图 5-23　三相桥式全控可控整流电路电阻性负载 $\alpha=90°$ 波形

$$I_{\mathrm{d}} = \frac{U_{\mathrm{d}}}{R_{\mathrm{d}}}$$

（3）流过晶闸管电流的平均值 I_{dT}。

$$I_{\mathrm{dT}} = \frac{1}{3}I_{\mathrm{d}}$$

（4）流过晶闸管的电流的有效值 I_{T}。

$$I_{\mathrm{T}} = \sqrt{\frac{1}{3}}I_{\mathrm{d}} = 0.577I_{\mathrm{d}}$$

（5）晶闸管两端承受的最大正反向电压 U_{TM}。

$$U_{\mathrm{TM}} = \sqrt{2} \times \sqrt{3}\,U_2 = \sqrt{6}\,U_2 = 2.45U_2$$

5.3.3　三相桥式全控可控整流电路大电感负载

1. 工作原理

（1）在 $\alpha<60°$ 时。由电阻性负载工作原理分析，当 $\alpha<60°$ 时，三相桥式全控整流电路输出电压 u_{d} 波形连续，每只晶闸管的导通角都是 $120°$，工作情况与带电阻负载时十分相似，各晶闸管的通断情况、输出整流电压 u_{d} 波形、晶闸管承受的电压波形等都一样。

两种负载时的区别在于，由于负载不同，同样的整流输出电压加到负载上，得到的负载电流 i_{d} 波形不同。大电感负载时，由于电感的作用，使得负载电流波形变得平直，当电感足够大的时候，负载电流的波形可近似为一条水平线。

当 $\alpha=30°$ 时，波形如图 5-24 所示。

（2）当 $\alpha>60°$ 时。当 $\alpha>60°$ 时，由于电感 L 的作用，只要整流输出电压平均值不为零，每只晶闸管的导通角都是 $120°$，与控制角 α 大小无关，但是 u_{d} 波形会出现负的部分，负载电流为连续平稳的一条水平线，而流过晶闸管与变压器绕组的电流均为方波。当 $\alpha=90°$ 时，输出整流电压 u_{d} 波形正、负面积相等，平均值为零，如图 5-25 所示，带大电感负载时，三相桥式全控整流电路的 α 角移相范围为 0°～90°。

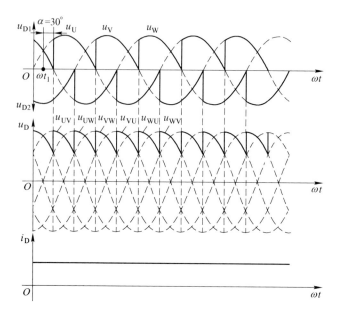

图 5-24　三相桥式全控可控整流电路大电感性负载 α=30°波形

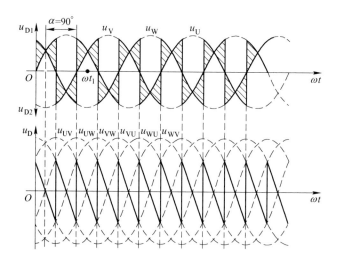

图 5-25　三相桥式全控可控整流电路大电感性负载 α=90°波形

2. 参数计算

（1）输出电压平均值和电流值分别为

$$U_{\mathrm{d}} = \frac{6}{2\pi}\int_{\frac{\pi}{3}+\alpha}^{\frac{2\pi}{3}+\alpha} \sqrt{6}\,U_2\sin\omega t\,\mathrm{d}(\omega t) = 2.34 U_2\cos\alpha \qquad I_{\mathrm{d}} = \frac{U_{\mathrm{d}}}{R_{\mathrm{d}}}$$

（2）流过晶闸管的电流平均值 I_{dT}、有效值 I_{T} 及承受的最大正、反向电压 U_{TM} 分别为

$$I_{\mathrm{dT}} = \frac{1}{3}I_{\mathrm{d}} \qquad I_{\mathrm{T}} = \sqrt{\frac{1}{3}}\,I_{\mathrm{d}} \qquad U_{\mathrm{TM}} = \sqrt{6}\,U_2$$

5.3.4　三相桥式全控可控整流电路大电感负载接续流二极管

1. 工作原理

三相桥式全控整流电路大电感负载电路中，当 $\alpha>60°$ 时，输出电压的波形出现负值，使输出电压平均值下降，可在大电感负载两端并接续流二极管 VD，这样不仅可以提高输出电压的平均值，而且可以扩大移相范围并使负载电流更平稳。

当 $\alpha \leqslant 60°$ 时，输出电压波形和参数计算与大电感负载不接续流二极管时相同，续流二极管不起作用，每个晶闸管导通 $120°$。

当 $\alpha>60°$ 时，三相电源电压每相过零变负时，电感的感应电动势使续流二极管承受正向电压而导通，晶闸管关断。

续流期间输出电压 $u_d=0$，使得波形不出现负向电压。可见输出电压波形与电阻性负载时输出电压波形相同，晶闸管导通角 $\theta<120°$。

2. 参数计算

（1）输出电压平均值 U_d。

1）$\alpha \leqslant 60°$ 时，$\theta=120°$

$$U_d = 2.34 U_2 \cos\alpha$$

2）$\alpha>60°$ 时，$\theta<120°$

$$U_d = 2.34 U_2 \left[1 + \cos\left(\frac{\pi}{3} + \alpha\right) \right]$$

（2）负载电流平均值 I_d。

$$I_d = U_d / R_d$$

（3）流过晶闸管电流的平均值 I_{dT} 和有效值 I_T。

$$I_{dT} = \frac{\theta_T}{360°} I_d = \begin{cases} \dfrac{1}{3} I_d & (\alpha \leqslant 60°) \\[2mm] \dfrac{120° - \alpha}{360°} I_d & (60° < \alpha \leqslant 120°) \end{cases}$$

$$I_T = \sqrt{\frac{\theta_T}{360°}} I_d = \begin{cases} \sqrt{\dfrac{1}{3}} I_d & (\alpha \leqslant 60°) \\[2mm] \sqrt{\dfrac{120° - \alpha}{360°}} I_d & (60° < \alpha \leqslant 120°) \end{cases}$$

（4）流过续流二极管电流的平均值 I_{dD} 和有效值 I_D。

当 $\alpha \leqslant 60°$ 时，续流二极管不导通，没有电流流过。

当 $\alpha>60°$ 时，

$$I_{dD} = \frac{\theta_D}{360°} I_d = \frac{\alpha - 60°}{120°} I_d$$

$$I_D = \sqrt{\frac{\theta_D}{360°}} I_d = \sqrt{\frac{\alpha - 60°}{120°}} I_d$$

（5）晶闸管两端承受的最高电压 U_{TM}。

$$U_{TM} = \sqrt{2} \times \sqrt{3} U_2 = \sqrt{6} U_2 = 2.45 U_2$$

任务 5.4　晶闸管的保护电路

晶闸管虽然有很多优点，但与其他电气设备相比，承受过电压与过电流能力很差，承受的电压上升率 du/dt、电流上升率 di/dt 也不高。在实际应用时，由于各种原因，总可能会发生都可能造成晶闸管的损坏。为使晶闸管装置能正常工作而不损坏，只靠合理选择元件还不行，还要设计完善的保护环节。

5.4.1　过电压保护

凡是超过晶闸管正常工作时承受的最大峰值电压都是过电压。

1. 过电压的分类

晶闸管的过电压分类形式有多种，最常见的分类有以下两种形式。

按原因分类：

（1）浪涌过电压，即由于外部原因，如雷击、电网激烈波动或干扰等产生的过电压。这种过电压的发生具有偶然性，它能量特别大、电压特别高，必须将其值限制在晶闸管的断态正反向不重复峰值电压 U_{DSM}、U_{RSM} 之下。

（2）操作过电压，即在操作过程中，由于电路状态变化时积聚的电磁能量不能及时的消散所产生的过电压。如晶闸管关断、开关的突然闭合与关断等所产生的过电压就属于操作过电压。这种过电压发生频繁，必须将其限制在晶闸管的额定电压 U_{Tn} 以内。

按位置分类：

根据晶闸管装置发生过电压的位置，过电压又可分为交流侧过电压、晶闸管关断过电压及直流侧过电压。

2. 晶闸管关断过电压及其保护

在关断时刻，晶闸管电压波形出现的反向尖峰电压（毛刺）就是关断过电压。如图 5-26 所示，以 VT_1 为例，当 VT_2 导通强迫 VT_1 关断时，VT_1 承受反向阳极电压，又由于管子内部还存在着大量的载流子，这些载流子在反向电压作用下，将产生较大的反向电流，使残存的载流子迅速消失。由于载流子电流消失非常快，此时 di/dt 很大，即使电感很小，也会在变压器漏抗上产生很大的感应电动势，其值可达到工作电压峰值的 5~6 倍，通过导通的 VT_2 加在 VT_1 的两端，可能使 VT_1 反向击穿。

保护措施：最常用的方法是在晶闸管两端并接阻容吸收电路，如图 5-27 所示。利用电容电压不能突变的特性吸收尖峰过电压，把它限制在允许的范围内。R、L、C 与交流电源组成串联振荡电路，可限制管子开通时的电流上升率。因 VT 承受正向电压时，C 被充电，当 VT 被触发导通时，C 要通过 VT 放电，如果没有 R 限流，此放电电流会很大，容易损坏元件。

3. 晶闸管交流侧过电压及其保护

（1）交流侧操作过电压。

由于接通和断开交流侧电源时会使电感元件积聚的能量骤然释放引起的过电压称为操作过电压。这种过电压通常发生在以下几种情况。

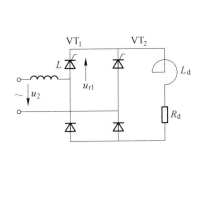

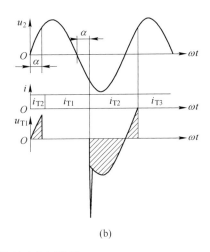

(a)　　　　　　　　　　　　　(b)

图 5-26　晶闸管关断过电压波形

(a) 电路；(b) 波形

1）整流变压器一次、二次绕组之间存在分布电容，当在一次侧电压峰值时合闸，将会使二次侧产生瞬间过电压。

保护措施：可在变压器二次侧星形中点与地之间加一电容器，也可在变压器一、二次绕组间加屏蔽层。

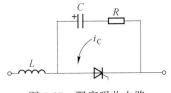

图 5-27　阻容吸收电路

2）与整流装置相连的其他负载切断时，由于电流突然断开，会在变压器漏感中产生感应电动势，造成过电压；当变压器空载，电源电压过零时，一次拉闸造成二次绕组中感应出很高的瞬时过电压。

保护措施：这两种情况产生的过电压都是瞬时的尖峰电压，常用阻容吸收电路或整流式阻容加以保护。交流侧阻容吸收电路的几种接法如图 5-28 所示。

（2）交流侧浪涌过电压。

由于雷击或从电网侵入的高电压干扰而造成晶闸管过电压，称为浪涌过电压。阻容吸收保护只适用于峰值不高、过电压能量不大及要求不高的场合，要抑制浪涌过电压可采用硒堆元件或压敏电阻来保护。

1）硒堆由成组串联的硒整流片构成，其接线方式如图 5-29 所示，在正常工作电压时，硒堆总有一组处于反向工作状态，漏电流很小，当浪涌电压来到时，硒堆被反向击穿，漏电流猛增以吸收浪涌能量，从而限制了过电压的数值。硒片击穿时，表面会烧出灼点，但浪涌电压过去之后，整个硒片自动恢复，所以可反复使用，继续起保护作用。

2）金属氧化物压敏电阻是由氧化锌、氧化铋等烧结制成的非线性电阻元件，具有正、反向相同的很陡的伏安特性。正常工作时，漏电流仅是微安级，故损耗小；当浪涌电压来到时，反应快，可通过数千安培的放电电流。因此抑制过电压的能力强。加上它体积小、价格便宜等优点，是一种较理想的保护元件，可以用它取代硒堆，其接线方式如图 5-30 所示。

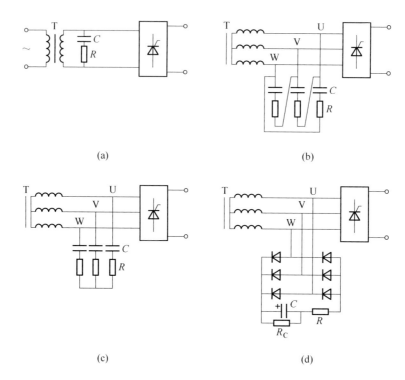

图 5-28　交流侧阻容吸收电路的几种接法

（a）单相联结；（b）三相Ｙ联结；（c）三相△联结；（d）三相整流联结

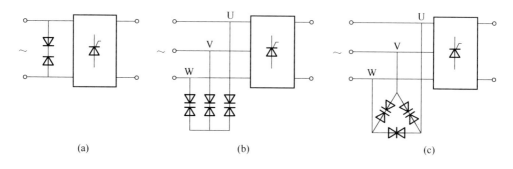

图 5-29　硒堆保护的几种接法

（a）单相联结；（b）三相Ｙ联结；（c）三相△联结

4. 晶闸管直流侧过电压及其保护

当整流器在带负载工作中，如果直流侧突然断路，例如快速熔断器突然熔断、晶闸管烧断或拉断直流开关，都会因大电感释放能量而产生过电压，并通过负载加在关断的晶闸管上，使晶闸管承受过电压。

直流侧保护采用与交流侧保护同样的方法。对于容量较小装置，可采用阻容保护抑制过电压；如果容量较大，选择硒堆或压敏电阻，如图 5-31 所示。

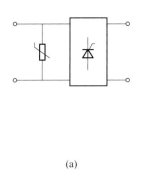
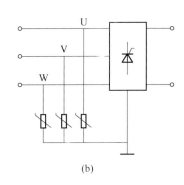
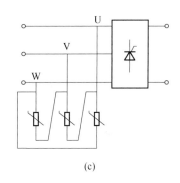

　　(a)　　　　　　　　　　　　(b)　　　　　　　　　　　　(c)

图 5-30　压敏电阻的几种接法
(a) 单相联结；(b) 三相丫联结；(c) 三相△联结

5.4.2　过电流保护

　　凡是超过晶闸管正常工作时承受的最大峰值电流都是过电流。

　　产生过电流原因很多，但主要有以下几个方面：有变流装置内部管子损坏；触发或控制系统发生故障；可逆传动环流过大或逆变失败；交流电压过高、过低、缺相及负载过载等。

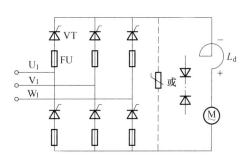

图 5-31　晶闸管直流侧过电压及其保护

　　常用的过电流保护方法有下面几种，如图 5-32 所示。

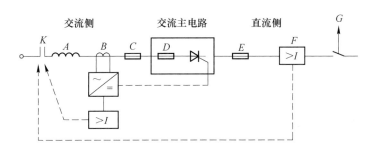

图 5-32　晶闸管装置可能采用的过电流保护措施
A—交流进线电抗器；B—电流检测和过电流继电器；C，D，E—快速熔断器；
F—过电流继电器；G—直流快速开

　　(1) 在交流进线中串接电抗器或采用漏抗较大的变压器 (图 5-32 中 A)，利用电抗是限制短路电流，保护晶闸管的有效措施。缺点是它在负载上有电压降。

　　(2) 电流检测和过电流继电器保护 (图 5-32 中 B、F)。继电器可以装在交流侧或直流侧，在发生过电流故障时动作，使交流侧自动开关或直流侧接触器跳闸。由于过电流继电器和自动开关或接触器动作需要几百毫秒，所以只能在短路电流不大时，才能对晶闸管起保护作用。另一类是过电流信号控制晶闸管触发脉冲快速后移至 $\alpha>90°$ 区域，使装置工作在逆变状态（后面章节介绍），使输出端瞬时值出现负电压，迫使故障电流迅速下降，此方法称为拉逆变保护。

（3）直流快速开关保护（图 5-32 中 G），对于大容量、要求高、容易短路的场合，可采用动作时间只有 2ms 的直流快速开关，它可以优于快速熔断器熔断而保护晶闸管，但此方法昂贵且复杂，因此使用不多。

（4）快速熔断器（图 5-32 中 C、D、E），是最简单有效的过电流保护元件。与普通熔断器相比，它具有快速熔断特性，在流过 6 倍额定电流时，熔断时间小于 20ms。目前常用的有：RLS 系列、ROS 系列、RS3 系列、RSF 系列可带熔断撞针指示和微动开关动作指示。快速熔断器实物图如图 5-33 所示。在流过通常的短路电流时，快速熔断器能保证在晶闸管损坏之前，切断短路电流。

图 5-33　快速熔断器实物图

快速熔断器可以接在交流侧、直流侧和晶闸管桥臂串联，如图 5-34 所示，后者保护效果最好。在与晶闸管串联时，快速熔断器的选择为 $1.57I_{T(AV)} \geq I_{RD} \geq I_{TM}$，其中 I_{RD} 为快速熔断器的电流有效值，$I_{T(AV)}$ 为晶闸管的额定电流，I_{TM} 为晶闸管的实际最大电流有效值。

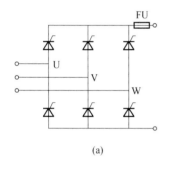
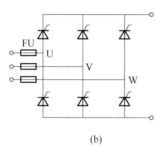
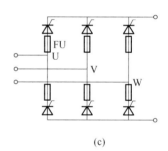

(a)　　　　　　　　　　　(b)　　　　　　　　　　　(c)

图 5-34　快速熔断器的连接方法

（a）直流侧快熔；（b）交流侧快熔；（c）桥臂快熔

任务 5.5　逆变主电路

扫一扫查看
中频感应加热电源
的逆变主电路

5.5.1　逆变的基本概念和基本工作原理

1. 逆变的基本概念

将直流电变换成交流电的电路称为逆变电路，根据交流电的用途可以分为有源逆变和无源逆变。有源逆变是把交流电回馈给电网，无源逆变是把交流电供给不同频率需要的负载。无源逆变就是通常说到的变频。

2. 逆变电路基本工作原理

逆变电路原理示意图和对应的波形如图 5-35 所示。

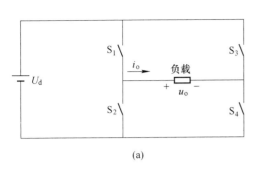 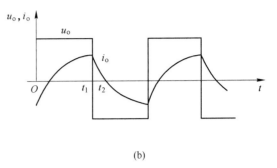

(a)　　　　　　　　　　　　　　　　(b)

图 5-35　逆变电路原理示意图和波形图

(a) 原理示意图；(b) 波形图

图 5-35 (a) 所示为单相桥式逆变电路，4 个桥臂有开关构成，输入直流电压 U_d。当开关 S_1、S_4 闭合，S_2、S_3 断开，负载上得到左正右负的电压，输出 u_o 为正；间隔一段时间后将 S_1、S_4 断开，S_2、S_3 闭合，负载上得到右正左负的电压，即输出 u_o 为负。若以一定频率交替切换 S_1、S_4 和 S_2、S_3，负载上就可以得到图 5-35 (b) 所示波形。这样就把直流电变换成交流电。改变两组开关的切换频率，可以改变输出交流电的频率。电阻性负载时，电流和电压的波形相同。电感性负载时，电流和电压的波形不相同，电流滞后电压一定的角度。

5.5.2　逆变电路的分类

1. 根据输入直流电源特点分类

(1) 电压型。电压型逆变器的输入端并接有大电容，输入直流电源为恒压源，逆变器将直流电压变换成交流电压。

(2) 电流型。电流型逆变器的输入端串接有大电感，输入直流电源为恒流源，逆变器将输入的直流电流变换为交流电流输出。

2. 根据电路的结构特点分类

(1) 半桥式逆变电路。

(2) 全桥式逆变电路。

(3) 推挽式逆变电路等其他形式。

5.5.3　单相逆变电路

1. 电压型单相半桥逆变电路

(1) 电路结构。

如图 5-36 所示，电压型单相半桥逆变电路由两个导电臂构成，每个导电臂由一个全控器件和一个反并联二极管组成。在直流侧接有两个相互串联的足够大的电容 C_1 和 C_2，且满足 $C_1 = C_2$。设感性负载连接在 A、O 两点间。T_1 和 T_2 之间存在死区时间，以避免上、下直通，在死区时间内两晶闸管均无驱动信号。

(2) 工作原理。

在一个周期内，电力晶体管 T_1 和 T_2 的基极信号各有半周正偏，半周反偏，且互补。

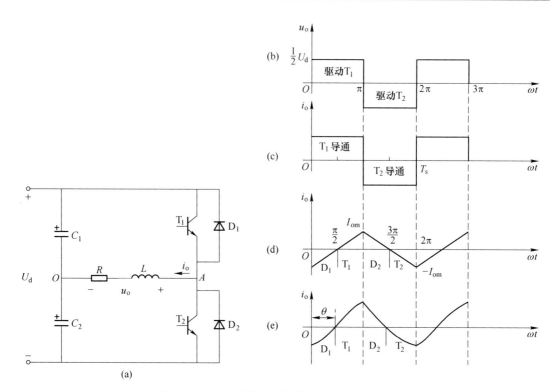

图 5-36　电压型单相半桥逆变电路结构及波形

（a）电路图；（b）电压波形；（c）电阻负载电流波形；
（d）电感负载电流波形；（e）*RL* 负载电流波形

若负载为纯电阻，在 $[0, \pi]$ 期间，T_1 有驱动信号导通，T_2 截止，则 $u_o = U_d$。在 $[\pi, 2\pi]$ 期间，T_2 有驱动信号导通，T_1 截止，则 $u_o = -U_d$。

若负载为纯电感，T_2 无驱动信号截止，尽管 T_1 有驱动信号，由于感性负载中的电流 i_o 不能立即改变方向，于是 D_1 导通续流，$u_o = -U_d/2$。

若为阻感负载，在 $[0, \theta]$ 期间，T_2 无驱动信号截止，尽管 T_1 有驱动信号，由于电流 i_o 为负值，所以 T_1 不导通，D_1 导通续流，$u_o = U_d$。

（3）特点。

电压型单相半桥逆变电路的优点是结构简单，使用器件少。其缺点如下：

1）交流电压幅值仅为 $U_d/2$。

2）直流侧需分压电容器。

3）为了使负载电压接近正弦波，通常在输出端接 *LC* 滤波器，用于滤除逆变器输出电压中的高次谐波。

电压型单相半桥逆变电路主要用于几千瓦以下的小功率逆变电源。

2. 电压型单相全桥逆变电路

（1）电路结构。

如图 5-37（a）所示，全控型开关器件 T_1 和 T_4 构成一对桥臂，T_2 和 T_3 构成一对桥臂，T_1 和 T_4 同时通、断，T_2 和 T_3 同时通、断。T_1（T_4）与 T_2（T_3）的驱动信号互补，即 T_1 和

T_4有驱动信号时，T_2和T_3无驱动信号，反之亦然，两对桥臂各交替导通180°。负载电压波形如图5-37（b）所示。

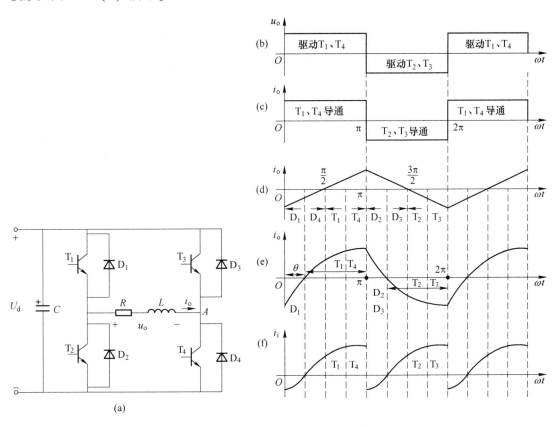

图 5-37　电压型单相全桥逆变电路

（a）电路图；（b）负载电压；（c）电阻负载电流波形；（d）电感负载电流波形；

（e）RL负载电流波形；（f）输入电流波形

（2）工作原理。

若负载为纯电阻，同单相半桥逆变电路相比，在相同负载的情况下，其输出电压和输出电流的幅值为单相半桥逆变电路的两倍。图5-37（c）所示是电阻负载时负载电流的波形。

若负载为纯电感，$0 \leqslant t < T_s/4$ 和 $T_s/2 \leqslant t \leqslant 3T_s/4$ 期间，D_1、D_4导通，起负载电流续流作用，在此期间 $T_1 \sim T_4$ 均不导通。图5-37（d）所示是电感负载时负载电流的波形。

若为阻感负载，$0 \leqslant \omega t \leqslant \theta$ 期间，T_1 和 T_4 有驱动信号，由于电流 i_o 为负值，T_1 和 T_4 不导通，D_1、D_4导通起负载电流续流作用，$u_o = +U_d$。$\theta \leqslant \omega t \leqslant \pi$ 期间，i_o 为正值，T_1 和 T_4 才导通。$\pi \leqslant \omega t \leqslant \pi + \theta$ 期间，T_2 和 T_3 有驱动信号，由于电流 i_o 为负值，T_2、T_3不导通，D_2、D_3导通起负载电流续流作用，$u_o = -U_d$。$\pi + \theta \leqslant \omega t \leqslant 2\pi$ 期间，T_2 和 T_3 才导通。

图5-37（e）所示是 RL 负载时负载电流的波形。图5-37（f）所示是 RL 负载时直流电源输入电流的波形。

知识拓展　变压器漏电抗对整流电路的影响

带有电源变压器的变流电路，不可避免会存在变压器绕组的漏电抗。前面讨论计算整流电压时，都忽略了变压器的漏电抗，假设换流都是瞬时完成的，即换流时要关断的管子其电流能从 I_d 突然降到零，而刚开通的管子电流能从零瞬时上升到 I_d，输出 i_d 的波形是一水平线。但实际上变压器存在漏电感，可将每相电感折算到变压器的次级，用一个集中电感 L_T 表示。由于电感要阻止电流变化，因此管子的换流不能瞬时完成，存在一个变化的过程。

1. 换相期间的输出电压 u_d

以三相半波可控整流大电感负载为例，分析漏电抗对整流电路的影响，图中 L_T 为变压器每相折算到二次侧绕组的漏感参数。其等效电路如图 5-38（a）所示。在换相（即换流）时，由于漏电抗阻止电流变化，因此电流不能突变，因而存在一个变化的过程。图 5-38（b）中是控制角为 α 时电压与电流的波形，在 ωt_1 时刻触发 VT$_3$ 管，使电流从 U 相转换到 V 相，由于变压器漏电抗的存在，流过 VT$_3$ 的 V 相电流只能从零开始上升到 I_d，而 VT$_1$ 的 U 相电流 I_d 也不能瞬时从 I_d 下降到零，电流换相需要一段时间，直到 ωt_2 时刻才完成，如图 5-38（b）所示，$\omega t_1 \sim \omega t_2$ 这个时间叫换相时间。换相时间对应的电角度，叫换相重叠角，用 γ 表示。通常 γ 越大，则相应的换流时间越长，当 α 一定时，γ 的大小与变压器漏电抗及负载电流大小成正比。

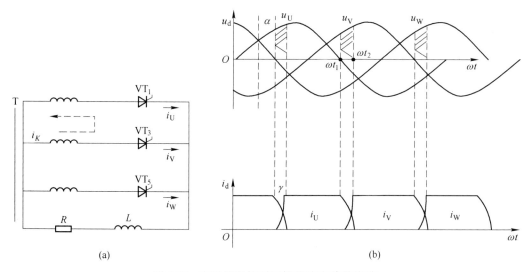

图 5-38　变压器漏抗对可控整流电路的影响

在换相重叠角 γ 期间，U、V 两相晶闸管 VT$_1$、VT$_3$ 同时导通，相当于两相间短路。两相电位之差 $u_V - u_U$ 称为短路电压，在两相漏电抗回路中产生一个短路电流 i_k，如图 5-38（a）虚线所示（实际上晶闸管都是单向导电的，相当于在原有电流上叠加一个 i_k），如果忽略变压器内阻压降和晶闸管的管压降，换相期间，短路电压为两相漏电感感应电动势所平衡，即

$$u_V - u_U = 2L_T \frac{di_k}{dt}$$

负载上电压为

$$u_d = u_V - L_T \frac{di_k}{dt} = u_V - \frac{1}{2}(u_V - u_U) = \frac{1}{2}(u_U + u_V)$$

上式说明，在换相过程中，u_d 波形既不是 u_U 也不是 u_V，而是换流两相电压的平均值。

2. 换相压降 ΔU_γ

如图 5-38（b）所示。与不考虑变压器漏电抗，即 $\gamma = 0$ 时相比，整流输出电压波形减少了一块阴影面积，使输出平均电压 U_d 减小了。这块减少的面积是由负载电流 I_d 换相引起的，因此这块面积的平均值也就是 I_d 引起的压降，称为换相压降，其值为图中三块阴影面积在一个周期内的平均值。对于在一个周期中有 m 次换相的其他整流电路来说，其值为 m 块阴影面积在一个周期内的平均值。在换相期间输出电压 $u_d = u_V - L_T(di_k/dt) = u_V - L_T(di_V/dt)$，而不计漏电抗影响的输出电压为 u_V，故由 L_T 引起的电压降低值为 $u_V - u_d = L_T(di_V/dt)$，所以一块阴影面积为

$$\Delta U_\gamma = \int_{\frac{\pi}{6}+\alpha+\gamma}^{\frac{5\pi}{6}+\alpha+\gamma}(u_V - u_d)d(\omega t) = \int_{\frac{\pi}{6}+\alpha+\gamma}^{\frac{5\pi}{6}+\alpha+\gamma}L_T \frac{di_V}{dt}d(\omega t) = \omega L_T \int_0^{I_d} di_V = X_T I_d$$

因此一个周期内的换相压降为

$$U_\gamma = \frac{m}{2\pi}X_T I_d$$

上式中 m 为一个周期内的换相次数，三相半波电路 $m = 3$，三相桥式电路 $m = 6$。X_T 是漏电感为 L_T 的变压器每相折算到次级绕组的漏电抗。变压器的漏电抗 X_T 可由公式

$$X_T = \frac{U_2 u_k\%}{I_2 100}$$

求得，式中 U_2 为相电压有效值，I_2 为相电流有效值，$u_k\%$ 为变压器短路比，取值在 $5 \sim 12$ 之间。换相压降可看成在整流电路直流侧增加一只阻值为 $mX_T/2\pi$ 的等效内电阻，负载电流 I_d 在它上面产生的压降，区别仅在于这项内电阻并不消耗有功功率。

3. 考虑变压器漏抗等因素后的整流输出电压平均值 U_d

可控整流电路对直流负载来说，是一个有一定内阻的电压可调的直流电源。考虑换相压降 U_γ、整流变压器电阻 R_T（为变压器一次侧绕组折算到二次侧再与二次侧每相电阻之和）及晶闸管压降 ΔU，整流输出电压平均值 U_d 为：

三相半波大电感负载：

$$U_d = 1.17U_2\cos\alpha - \frac{3}{2\pi}X_T I_d - R_T I_d - \Delta U$$

三相全控桥大电感负载：

$$U_d = 2.34U_2\cos\alpha - \frac{6}{2\pi}X_T I_d - 2R_T I_d - 2\Delta U$$

三相全控桥电路的整流变压器电阻 R_T 及晶闸管压降 ΔU 均是三相半波电路的 2 倍。

变压器的漏抗与交流进线串联电抗的作用一样，能够限制短路电流且使电流变化比较缓和，对晶闸管上的电流变化率和电压变化率也有限制作用。但是由于漏抗的存在，在换相期

间，相当于两相间短路，使电源相电压波形出现缺口，用示波器观察相电压波形时，在换流点上会出现毛刺，严重时将造成电网电压波形畸变，影响本身与其他用电设备的正常运行。

实 践 提 高

实训 1　三相半波可控整流电路的连接与调试

扫一扫查看
三相半波可控整流
电路的连接与调试

1. 实训目的

（1）通过仿真实验熟悉三相半波可控整流电路的电路构造及工作原理。

（2）根据仿真电路模型的实验结果观察电路的实际运行状态及输出波形。

2. 仿真步骤

（1）启动 MATLAB，进入 Simulink 后新建一个仿真模型的新文件，并布置好各元器件，如图 5-39 所示。

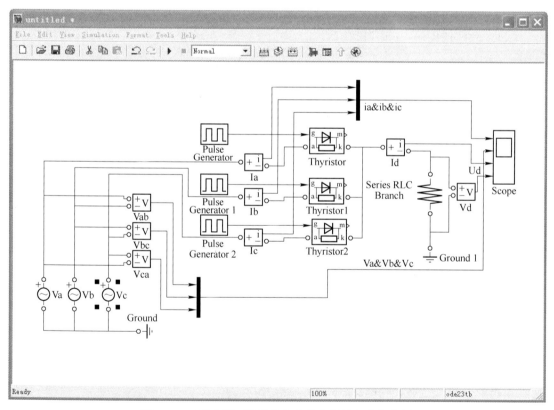

图 5-39　三相半波可控整流电路带电阻性负载仿真图

（2）参数设置。

电源参数设置：电压设置为 380V，频率设为 50Hz。要注意初相角的设置，a 相的电压源设为 0，b 相的电压源设为 -120，c 相的电压源设为 -240。负载参数设置：电阻设为

1，电感为 0，电容无穷大 inf。

脉冲参数设置：触发信号的参数设置是本例的难点。本例中有三个触发脉冲，由电路原理可知触发角依次相差 120°。因为电源电压频率为 50Hz，故周期设置为 0.02s，脉宽可设为 2，振幅设为 5。延迟角的设置要特别注意，在三相电路中，触发延时时间并不是直接从 α 换算过来，由于 α 角的零位定在自然换相角，所以在计算相位延时时间时要增加 30°相位。因此当 α＝0°时，延时时间应设为 0.0033。其计算可按以下公式：$t = (α + 30)T/360$。

触发角 α＝0°时，延迟角依次设置为：0.00167，0.00837，0.01507

触发角 α＝30°时，延迟角依次设置为：0.0033，0.01，0.0167

触发角 α＝45°时，延迟角依次设置为：0.00417，0.01087，0.01757

触发角 α＝60°时，延迟角依次设置为：0.005，0.0117，0.0184

晶闸管参数设置如图 5-40 所示。

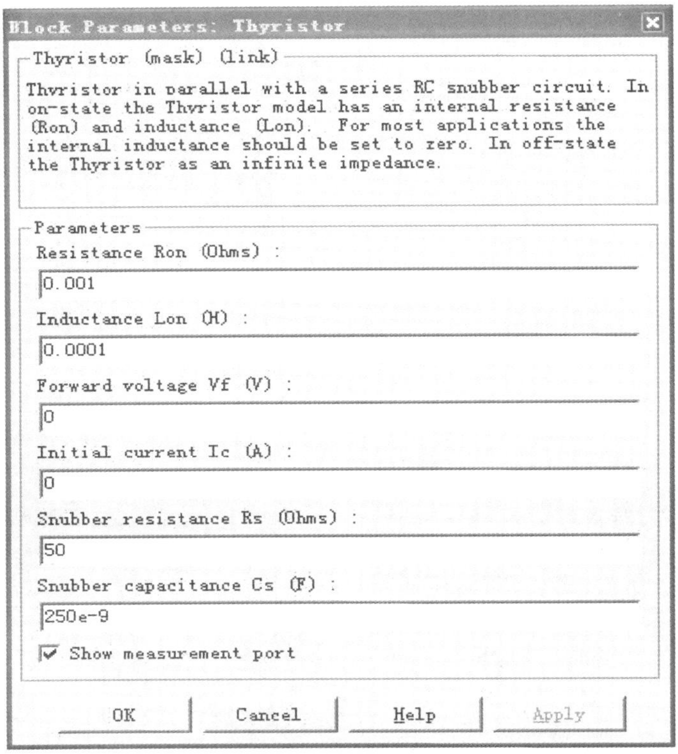

图 5-40　晶闸管参数设置

（3）模型仿真。

设置好后，即可开始仿真。选择算法为 ode23tb，stop time 设为 0.1。单击开始控件。仿真完成后就可以通过示波器来观察仿真的结果。图 5-41 是电阻性负载分别在 0°、30°、45°和 60°时的仿真结果。

（4）电阻电感负载。

带电阻电感性负载的仿真与带电阻性负载的仿真方法基本相同，但须将 RLC 的串联分支设置为电阻电感负载。本例中设置的电阻 $R=1$，$L=0.01$H，电容为 inf。图 5-42 为电阻电感负载分别在 0°、30°、45°和 60°时的仿真结果。

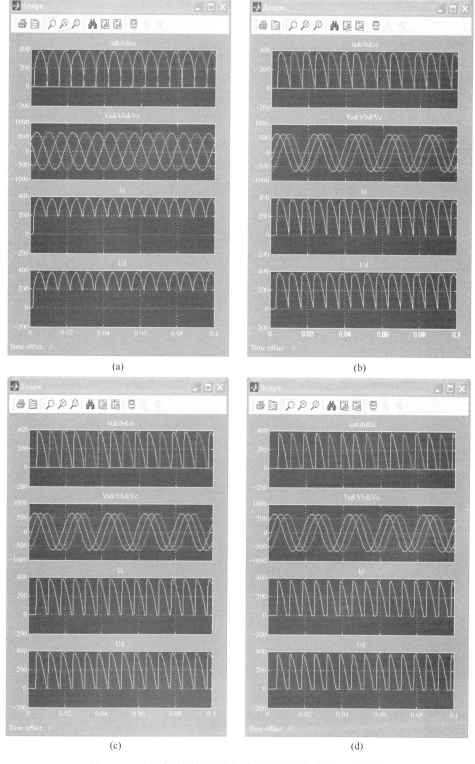

图 5-41　三相半波可控整流电路带电阻性负载输出波形图

（a）0°；（b）30°；（c）45°；（d）60°

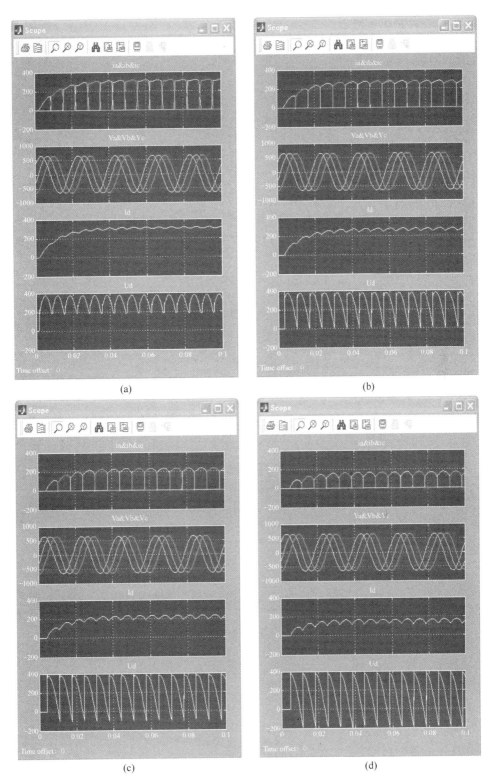

图 5-42 三相半波可控整流电路带电阻电感性负载输出波形图

(a) 0°；(b) 30°；(c) 45°；(d) 60°

实训 2 三相全控可控整流电路的连接与调试

扫一扫查看
三相全控可控整流
电路的连接与调试

1. 实训目的

（1）通过仿真实验熟悉三相全控可控整流电路的电路构造及工作原理。

（2）根据仿真电路模型的实验结果观察电路的实际运行状态及输出波形。

2. 仿真步骤

（1）启动 MATLAB，进入 Simulink 后新建一个仿真模型的新文件，并布置好各元器件，如图 5-43 所示。

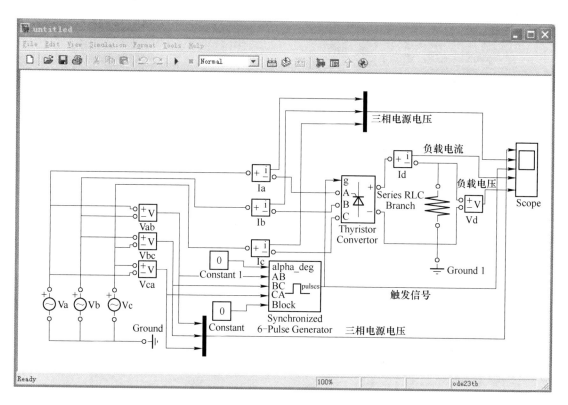

图 5-43 三相全控可控整流电路带电阻性负载仿真图

（2）参数设置。

电源参数设置：电压设置为 380V，频率设为 50Hz。要注意初相角的设置，a 相的电压源设为 0，b 相的电压源设为 –120，c 相的电压源设为 –240。负载参数设置：电阻设为 1，电感为 0，电容无穷大 inf。

通用变换器桥的设置：

1）模块的功能。通用变换器桥模块是由 6 个功率开关元件组成的桥式通用三相变换器模块。功率电子元件的类别和变换器的结构可通过对话框进行选择。功率电子元件和变换器的类型有 Diode 桥、Thyristor 桥、MOSFET–Diode 桥、IGBT–Diode 桥、Ideal Switch 桥，桥的结构有单相、两相和三相。

2）仿真模块的图标、输入和输出。通用变换器桥模块的图标如图 5-44 所示。模块的输入和输出取决于所选择的变换器桥的结构。当 A、B、C 被选择为输入端，则直流 DC（+，−）端就是输出端。当 A、B、C 被选择为输出端，则直流 DC（+，−）端就是输入端。除二极管桥外，其他桥的"g（pulse）"输入端可接受来自外部模块的触发信号。

3）通用变换器桥仿真模块的参数，本例中个别参数设置如图 5-45 所示。

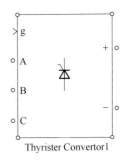

Thyrister Convertor1

图 5-44　通用变换器桥模块

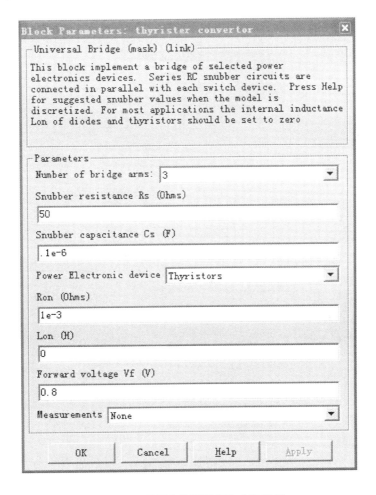

图 5-45　通用变换器桥模块参数设置

4）同步 6 脉冲触发器的参数设置，该模块有 5 个输入端，其图标如图 5-46 所示。"alpha_deg"是移相控制角信号输入端，单位为度。该输入端可与"常数"模块相连，也可与控制系统中的控制器输出端相连，从而对触发脉冲进行移相控制。输入端 AB、BC、CA 是同步线电压的输入端，同步线电压就是连到三相交流电压的线电压。输入端 Block 为触发器模块的使能端，用与触发器模块的开通与封锁操作，当施加大于 0 的信号

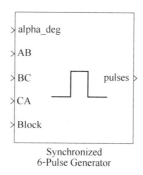

图 5-46　同步 6 脉冲触发器模块

时，触发脉冲被封锁。该模块为一个六维脉冲向量，它包含 6 个触发脉冲，移相控制角的起始点为同步电压的零点，pulses 为输出触发信号端。

如图 5-47 所示，可以设置同步电压的频率跟脉冲宽度，如果勾选了"Double pulsing"触发器就能给出间隔 60°的双脉冲。

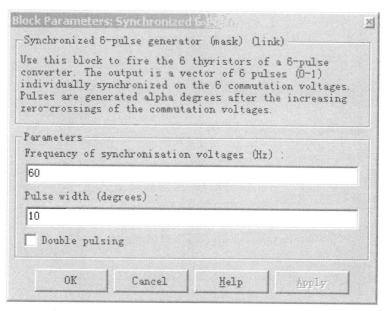

图 5-47　同步 6 脉冲触发器参数设置对话框

5）常数模块参数设置。常数模块图标如图 5-48 所示，该模块只有一个输出端，在本例中只要改变对话框中数值的大小，即可改变触发控制角的大小。其参数对话框如图 5-49 所示。

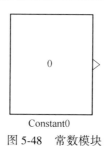

图 5-48　常数模块

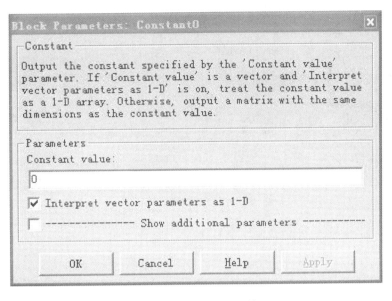

图 5-49　常数模块对话框

（3）模型仿真。

设置好后，即可开始仿真。选择算法为 ode23tb，stop time 设为 0.1。单击开始控件。仿真完成后就可以通过示波器来观察仿真的结果。图 5-50 是电阻性负载分别在 0°、30°、45°和 60°时的仿真结果。

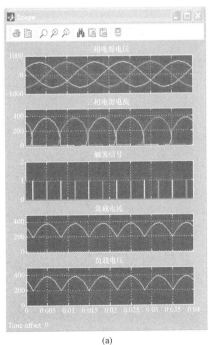

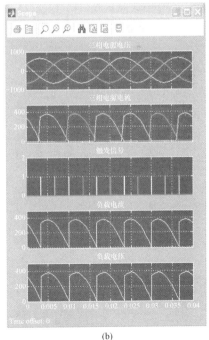

(a)　　　　　　　　　　　　　　　　(b)

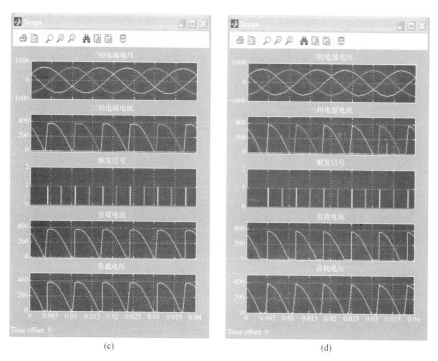

图 5-50　三相全控可控整流电路带电阻性负载输出波形图

(a) 0°; (b) 30°; (c) 45°; (d) 60°

（4）电阻电感负载。

带电阻电感性负载的仿真与带电阻性负载的仿真方法基本相同，但须将 *RLC* 的串联分支设置为电阻电感负载。本例中设置的电阻 $R = 45$，$L = 1H$，电容为 inf。图 5-51 是电阻电感负载分别在 0°、30°、45° 和 60° 时的仿真结果。

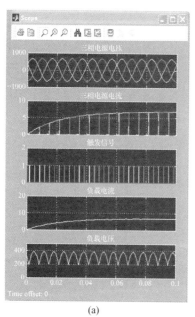

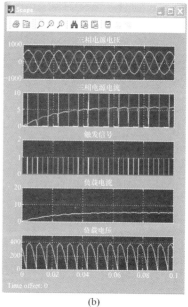

(a)　　　　　　　　　　　　　　(b)

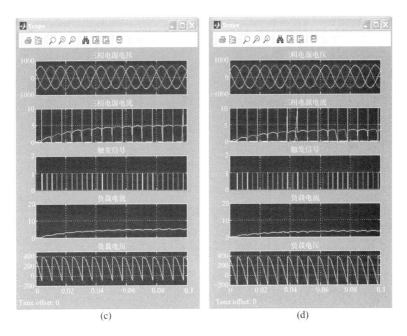

图 5-51　三相全控可控整流电路带电阻电感性负载输出波形图

（a）0°；（b）30°；（c）45°；（d）60°

巩固与提高

1. 感应加热的基本原理是什么？加热效果与电源频率有什么关系？

2. 中频感应加热电源主要由哪几部分组成？

3. 中频感应加热炉的直流电源获得为什么要用可控整流电路？

4. 试简述平波电抗器的作用。

5. 三相半波可控整流电路，如果三只晶闸管共用一套触发电路，如图 5-52 所示，每隔120°同时给三只晶闸管送出脉冲，电路能否正常工作？此时电路带电阻性负载时的移相范围是多少？

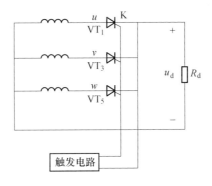

图 5-52　习题 5 的图

6. 三相半波可控整流电路带电阻性负载时，如果触发脉冲出现在自然换相点之前 15°处，试分析当触发脉冲宽度分别为 10°和 20°时电路能否正常工作？并画出输出电压波形。

7. 三相半波相控整流电路带大电感负载，$R_d = 10\Omega$，相电压有效值 $U_2 = 220V$。求 $\alpha = 45$°时负载直流电压 U_d、流过晶闸管的平均电流 I_{dT} 和有效电流 I_T，画出 u_d、i_{T2}、u_{T3} 的波形。

8. 现有单相半波、单相桥式、三相半波三种整流电路带电阻性负载，负载电流 I_d 都是 40A，问流过与晶闸管串联的熔断器的平均电流、有效电流各为多大？

9. 三相桥式全控可控整流电路中 6 个晶闸管的导通顺序是什么？

10. 三相桥式全控可控整流电路通常采用触发脉冲，分别是哪两种？

11. 三相桥式全控可控整流电路中，（1）电阻性负载时，控制角 α 的移相范围？（2）电感性负载（无续流二极管时），控制角 α 的移相范围？（3）电感性负载（有续流二极管时），控制角 α 的移相范围？

12. 三相桥式全控整流电路带大电感负载，负载电阻 $R_d = 4\Omega$，要求 U_d 从 $0 \sim 220V$ 变化。试求：

（1）不考虑控制角裕量时，整流变压器二次线电压。

（2）计算晶闸管额定电压、额定电流值，如电压、电流取 2 倍裕量，选择晶闸管型号。

13. 在图 5-53 所示电路中，当 $\alpha = 60$°时，画出下列故障情况下的 u_d 波形。

（1）熔断器 1FU 熔断。

（2）熔断器 2FU 熔断。

（3）熔断器 2FU、3FU 同时熔断。

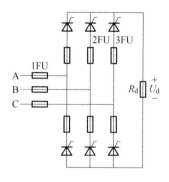

图 5-53　习题 13 的图

14. 在晶闸管两端并联 R、C 吸收回路的主要作用有哪些？其中电阻 R 的作用是什么？

15. 指出图 5-54 中。①~⑦各元器件及 VD 与 L_d 的作用。

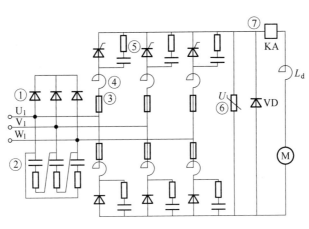

图 5-54 习题 15 的图

模块 6 变频器的使用和维护

模块引入

变频技术是一门能够将电信号的频率，按照具体电路的要求，而进行变换的应用型技术。变频调速因其具有优异的调速、起动、制动性能，高效率、高功率因数和节电效果等诸多优点而被认为是最有发展前途的调速方式。

变频器是一种静止的频率变换器，利用电力半导体器件的通断作用，可将工频电源交流电变换成频率可调的交流电，作为电动机的电源装置，使用广泛。使用变频器可以节能、提高产品质量和劳动生产率等。

随着新型电力电子器件和高性能微处理器的应用及控制技术的发展，变频器的性能价格比越来越高，体积越来越小，进一步小型轻量化、高性能化和多功能化，以及无公害化。图 6-1 所示为西门子 MICROMASTER 420 通用变频器。

图 6-1 西门子 MICROMASTER 420 通用变频器

目前从一般要求的小范围调速传动到高精度、快响应、大范围的调速传动，从单机传动到多机协调运转，几乎都可采用交流调速传动。变频器主要应用场合如图 6-2 所示。

(a)　　　　　　　　　　(b)　　　　　　　　　　(c)

(d)　　　　　　　　　　(e)　　　　　　　　　　(f)

图 6-2 变频器主要应用场合

（a）变频恒压供水系统；（b）抽油机变频调整现场；（c）搅拌机变频调速现场；
（d）球磨机变频调速现场；（e）挤压机变频调速现场；（f）造纸机械变频调速现场

学习目标

（1）了解变频器的基本概念。
（2）熟悉变频器的应用。
（3）掌握变频器的基本结构。
（4）掌握变频器的工作原理。
（5）掌握脉宽调制型（PWM）逆变电路的工作原理。

扫一扫查看
认识变频器

任务 6.1　变频器概述

6.1.1　变频器的用途

变频调速器主要用于交流电动机（异步电机或同步电机）转速的调节，具有体积小、重量轻、精度高、功能丰富、保护齐全、可靠性高、操作简便、通用性强等优点。变频调速是公认的交流电动机最理想、最有前途的调速方案，除了具有卓越的调速性能之外，变频调速还有显著的节能作用，是企业技术改造和产品更新换代的理想调速方式。变频器作为节能应用与速度工艺控制中越来越重要的自动化设备，得到了快速发展和广泛的应用。

1. 变频调速的节能

变频器产生的最初用途是速度控制，但目前在国内应用较多的是节能。中国是能耗大国，能源利用率很低，而能源储备不足。在 2003 年的中国电力消耗中，60%～70% 为动力电，而在总容量为 5.8 亿千瓦的电动机总容量中，只有不到 2000 万千瓦的电动机是带变频控制的。据分析，在中国带变动负载、具有节能潜力的电机至少有 1.8 亿千瓦。因此国家大力提倡节能措施，并着重推荐了变频调速技术。应用变频调速可以大大提高电机转速的控制精度，使电机在最节能的转速下运行。

风机、泵类负载的节能效果最明显，节电率可达到 20%～60%，这是因为风机、泵类的耗用功率与转速的 3 次方成正比，当需要的平均流量较小时，转速降低其功率按转速的 3 次方下降。因此，精确调速的节电效果非常可观。目前应用较成功的有恒压供水、中央空调、各类风机、水泵的变频调速。

2. 以提高工艺水平和产品质量为目的的应用

变频调速除了在风机、泵类负载上的应用以外，还可以广泛应用于传送、卷绕、起重、挤压、机床等各种机械设备控制领域。它可以提高企业的产成品率，延长设备的正常工作周期和使用寿命，使操作和控制系统得以简化，有的甚至可以改变原有的工艺规范，从而提高了整个设备控制水平。

3. 变频调速在电动机运行方面的优势

变频调速很容易实现电动机的正、反转，只需要改变变频器内部逆变管的开关顺序，即可实现输出换相，也不存在因换相不当而烧毁电动机的问题。

变频调速系统启动大都是从低速开始，频率较低，加、减速时间可以任意设定，故加、减速时间比较平缓，启动电流较小，可以进行较高频率的起停。

变频调速系统制动时，变频器可以利用自己的制动回路，将机械负载的能量消耗在制动电阻上，也可回馈给供电电网，但回馈给电网需增加专用附件，投资较大。除此之外，变频器还具有直流制动功能，需要制动时，变频器给电动机加上一个直流电压，进行制动，则无须另加制动控制电路。

4. 变频家电

除了工业相关行业，在普通家庭中，节约电费、提高家电性能、保护环境等受到越来越多的关注，变频家电成为变频器的另一个广阔市场和应用趋势，如带有变频控制的冰箱、洗衣机、家用空调等，在节电、减小电压冲击、降低噪声、提高控制精度等方面有很大的优势。

6.1.2　变频器的基本结构

变频器主要由主电路和控制电路组成，如图 6-3 所示。

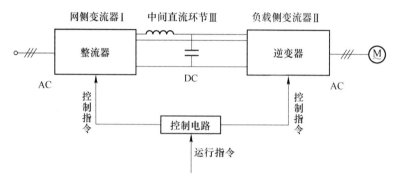

图 6-3　变频器的结构框图

1. 主电路的组成

（1）整流器。电网侧的变流器 I 为整流器，它的作用是把交流电整流成直流电，给逆变器和控制电路提供所需的直流电源。

（2）中间直流环节。中间直流环节的功能是对整流电路的输出进行平滑滤波，以保证逆变器和控制电路能够获得质量较高的直流电源。

（3）逆变器。负载侧的变流器 II 为逆变器。逆变器的功能是将中间环节输出的直流电源转换为频率和电压都任意可调的交流电源。最常见的结构形式是利用六个半导体主开关器件组成的三相桥式逆变电路。只要有规律地控制主开关器件的通与断，就可以得到任意频率的三相交流电输出。

2. 控制电路

控制电路由运算电路、检测电路、驱动电路、外部接口电路及保护电路组成。控制电路的主要功能是将接受的各种信号送至运算电路，使运算电路能根据驱动要求为变频器主电路提供必要的驱动信号，并对变频器以及异步电动机提供必要的保护，输出计算结果。

（1）接收的各种信号。

1）各种功能的预置信号。

2）从键盘或外接输入端子输入的给定信号。

3）从外接输入端子输入的控制信号。

4）从电压、电流采样电路以及其他传感器输入的状态信号。

（2）进行的运算。

1）实时地计算出 SPWM 波形各切换点的时刻。

2）进行矢量控制运算或其他必要的运算。

（3）输出的计算结果。

1）实时地将计算出 SPWM 波形各切换点的时刻输出至逆变器件模块的驱动电路，使逆变器件按给定信号及预置要求输出 SPWM 电压波。

2）将当前的各种状态输出至显示器显示。

3）将控制信号输出至外接输出端子。

（4）实现的保护功能。接收从电压、电流采样电路以及其他传感器输入的信号，结合功能中预置的限值，进行比较和判断，若出现故障，有以下 3 种处理方式。

1）停止发出 SPWM 信号，使变频器中止输出。

2）输出报警信号。

3）向显示器输出故障信号。

6.1.3　变频器的主电路结构

目前已被广泛应用在交流电动机变频调速系统中的变频器是交-直-交变频器，它是先将恒压恒频（CVCF）的交流电通过整流器变成直流电，在经过逆变器将直流电变换成可调的交流电的间接型变频电路。

在交流电动机的变频调速控制中，为了保持额定磁通不变，在调节定子频率的同时必须同时改变定子的电压。因此必须配备变压变频（VVVF）装置。它的核心部分就是变频电路，其结构框图如图 6-4 所示。

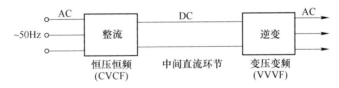

图 6-4　变频器主电路结构框图

按照不同的控制方式，交-直-交变频器可分成以下三种方式。

1. 采用可控整流器调压、逆变器调频的控制方式

其结构框图如图 6-5 所示。在这种装置中，调压和调频在两个环节上分别进行，在控制电路上协调配合，结构简单，控制方便。但是，由于输入环节采用晶闸管可控整流器，当电压调得较低时，电网端功率因数较低。而输出环节多用由晶闸管组成多拍逆变器，每周换相六次，输出的谐波较大，因此这类控制方式现在用得较少。

2. 采用不可控整流器整流、斩波器调压、再用逆变器调频的控制方式

其结构框图如图 6-6 所示。整流环节采用二极管不可控整流器，只整流不调压，再单独设置斩波器，用脉宽调压，这种方法克服功率因数较低的缺点，但输出逆变环节未变，

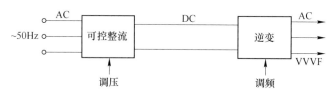

图 6-5　可控整流器调压、逆变器结构框图

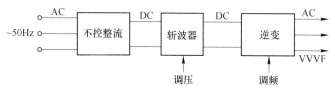

图 6-6　不可控整流器整流、斩波器调压、再用逆变器结构框图

仍有谐波较大的缺点。

3. 采用不可控制整流器整流、脉宽调制（PWM）逆变器同时调压调频的控制方式

其结构框图如图 6-7 所示。在这类装置中，用不可控整流，则输入功率因数不变；用脉宽调制（PWM）逆变器逆变，则输出谐波可以减小。这样前面装置的两个缺点都消除了。PWM 逆变器需要全控型电力半导体器件，其输出谐波减少的程度取决于 PWM 的开关频率，而开关频率则受器件开关时间的限制。采用绝缘双极型晶体管 IGBT 时，开关频率可达 10kHz 以上，输出波形已经非常逼近正弦波，因而又称为 SPWM 逆变器，成为当前最有发展前途的一种装置形式。

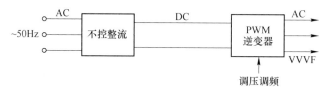

图 6-7　不可控制整流器整流、脉宽调制（PWM）逆变器结构框图

在交-直-交变频器中，当中间直流环节采用大电容滤波时，直流电压波形比较平直，在理想情况下是一个内阻抗为零的恒压源，输出交流电压是矩形波或阶梯波，这类变频器叫作电压型变频器，如图 6-8(a) 所示，当交-直-交变频器的中间直流环节采用大电感滤波时，直流电流波形比较平直，因而电源内阻抗很大，对负载来说基本上是一个电流源，输出交流电流是矩形波或阶梯波，这类变频器叫作电流型变频器，如图 6-8(b) 所示。

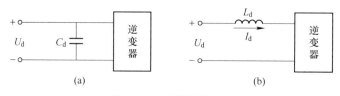

图 6-8　变频器结构框图

（a）电压型变频器；（b）电流型变频器

6.1.4 交-直-交电压型变频电路

图 6-9 是一种常用的交-直-交电压型 PWM 变频电路。它采用二极管构成整流器，完成交流到直流的变换，其输出直流电压 U_d 是不可控的；中间直流环节用大电容 C 滤波；电力晶体管 $V_1 \sim V_6$ 构成 PWM 逆变器，完成直流到交流的变换，并能实现输出频率和电压的同时调节，$VD_1 \sim VD_6$ 是电压型逆变器所需的反馈二极管。

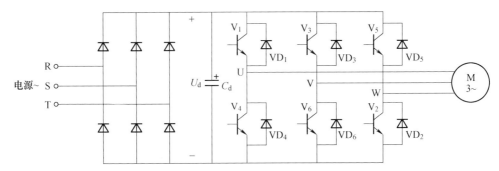

图 6-9 交-直-交电压型 PWM 变频电路

从图 6-9 中可以看出，由于整流电路输出的电压和电流极性都不能改变，因此该电路只能从交流电源向中间直流电路传输功率，进而再向交流电动机传输功率，而不能从直流中间电路向交流电源反馈能量。当负载电动机由电动状态转入制动运行时，电动机变为发电状态，其能量通过逆变电路中的反馈二极管流入直流中间电路，使直流电压升高而产生过电压，这种过电压称为泵升过电压。为了限制泵升过电压，如图 6-10 所示，可给直流侧电容并联一个由电力晶体管 V_0 和能耗电阻 R 组成的泵升电压限制电路。当泵升电压超过一定数值时，使 V_0 导通，能量消耗在 R 上。这种电路可运用于对制动时间有一定要求的调速系统中。

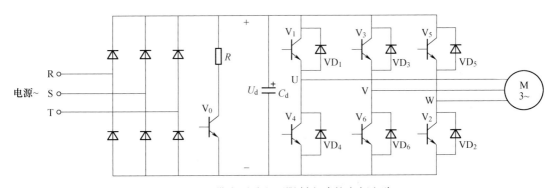

图 6-10 带有泵升电压限制电路的变频电路

在要求电动机频繁快速加减的场合，上述带有泵升电压限制电路的变频电路耗能较多，能耗电阻 R 也需要较大的功率。因此，希望在制动时把电动机的动能反馈回电网。这时需要增加一套有源逆变电路，以实现再生制动，如图 6-11 所示。

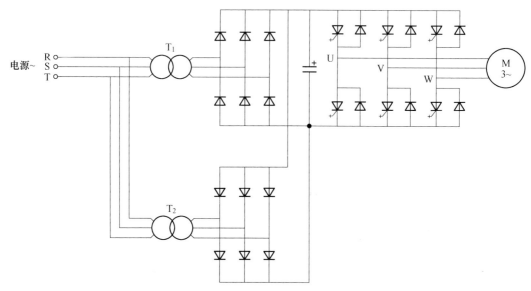

图 6-11　可以再生制动的变频电路

任务 6.2　脉宽调制（PWM）型逆变电路

扫一扫查看
PWM 脉宽调制控制技术

6.2.1　PWM 的基本原理

在采样控制理论中有一个重要结论：冲量（脉冲的面积）相等而形状不同窄脉冲，如图 6-12 所示，分别加在具有惯性环节的输入端，其输出响应波形基本相同，也就是说尽管脉冲形状不同，但只要脉冲面积相等，其作用的效果基本相同。这就是 PWM 控制的重要理论依据。

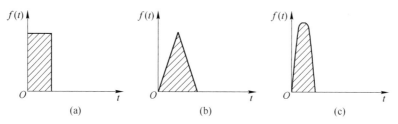

图 6-12　形状不同而冲量相同的各种窄脉冲

脉冲宽度调制（PWM）是英文"Pulse Width Modulation"的缩写，简称脉宽调制。脉宽调制技术是通过控制半导体开关器件的通断时间，在输出端获得幅度相等而宽度可调的波形（称 PWM 波形），从而实现控制输出电压的大小和频率来改善输出波形的一种技术。

如图 6-13 所示，将一个正弦波半波电压分成 N 等份，并把正弦曲线每一等份所包围的面积都用一个与其面积相等的等幅矩形脉冲来代替，且矩形脉冲的中点与相应正弦等份的中点重合，得到脉冲列，就是 PWM 波形。正弦波的另外一个半波可以用相同的办法来等效。PWM 波形的脉冲宽度是按正弦规律变化，称为正弦波脉宽调制（SPWM）。

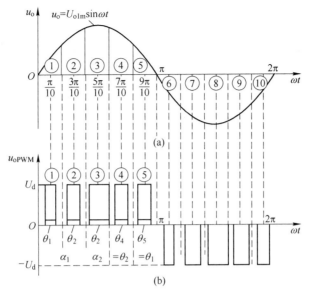

图 6-13　SPWM 电压等效正弦电压

（a）正弦电压；（b）SPWM 等效电压

6.2.2　单相桥式 PWM 变频电路

相桥式 PWM 变频电路就是输出为单相电压的变频电路，电路如图 6-14 所示，采用 GTR 作为逆变电路的自关断开关器件，设负载为电感性，把所希望输出的正弦波作为调制信号 u_r，把接受调制的等腰三角形波作为载波信号 u_c。控制方法可以有单极性与双极性两种。

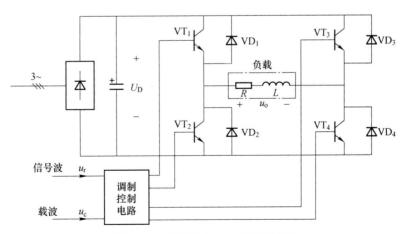

图 6-14　单相桥式 PWM 变频电路

1. 单极性 PWM 控制方式工作原理

如图 6-15 所示，当调制信号 u_r 为正半周时，载波信号 u_c 为正极性的三角波；同理，调制信号 u_r 为负半周时，载波信号 u_c 为负极性的三角波。在调制信号 u_r 和载波信号 u_c 的交点时刻控制变频电路中 GTR 的通断。对逆变桥 $VT_1 \sim VT_4$ 的控制方法如下。

（1）当 u_r 正半周时，让 VT_1 一直保持通态，VT_2 保持断态。在 u_r 与 u_c 正极性三角波交点处控制 VT_4 的通断，在 $u_r > u_c$ 各区间，控制 VT_4 为通态，输出负载电压 $u_o = U_D$。在 $u_r < u_c$ 各区间，控制 VT_4 为断态，输出负载电压 $u_o = 0$，此时负载电流可以经过 VD_3 与 VT_1 续流。

（2）当 u_r 负半周时，让 VT_2 一直保持通态，VT_1 保持断态，在 u_r 与 u_c 负极性三角波交点处控制 VT_3 的通断。在 $u_r < u_c$ 各区间，控制 VT_3 为通态，输出负载电压 $u_o = -U_D$。在 $u_r > u_c$ 各区间，控制 VT_3 为断态，输出负载电压 $u_o = 0$，此时负载电流可以经过 VD_4 与 VT_2 续流。

逆变电路输出的 u_o 为 PWM 波形，如图 6-15 所示，u_{of} 为 u_o 的基波分量。由于在这种控制方式中的 PWM 波形只能在一个方向变化，故称为单极性 PWM 控制方式。

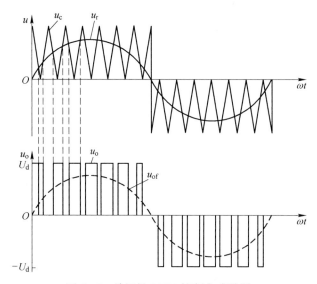

图 6-15　单极性 PWM 控制方式波形

逆变电路输出的脉冲调制电压波形对称且脉宽成正弦分布，这样可以减小电压谐波含量。载波三角波 u_c 峰值一定，调节调制信号 u_r 的幅值可以使输出调制脉冲宽度做相应的变化，这能改变逆变器输出电压的基波幅值，从而可实现对输出电压的平滑调节；改变调制信号 u_r 的频率则可以改变输出电压的频率。所以，从调节的角度来看，它非常适用于交流变频调速系统。

2. 双极性 PWM 控制方式工作原理

调制信号 u_r 仍然是正弦波，而载波信号 u_c 改为正负两个方向变化的等腰三角形波，如图 6-16 所示。对逆变桥 $VT_1 \sim VT_4$ 的控制方法如下。

（1）在 u_r 正半周，当 $u_r > u_c$ 的各区间，给 VT_1 和 VT_4 导通信号，而给 VT_2 和 VT_3 关断信号，输出负载电压 $u_o = U_D$。在 $u_r < u_c$ 的各区间，给 VT_2 和 VT_3 导通信号，而给 VT_1 和 VT_4 关断信号，输出负载电压 $u_o = -U_D$。这样逆变电路输出的 u_o 为 2 个方向变化等幅不等宽的脉冲列。

（2）在 u_r 负半周，当 $u_r < u_c$ 的各区间，给 VT_2 和 VT_3 导通信号，而给 VT_1 和 VT_4 关断信号，输出负载电压 $u_o = -U_D$。当 $u_r > u_c$ 的各区间，给 VT_1 和 VT_4 导通信号，而给

VT$_2$ 与 VT$_3$ 关断信号，输出负载电压 $u_o = U_D$。

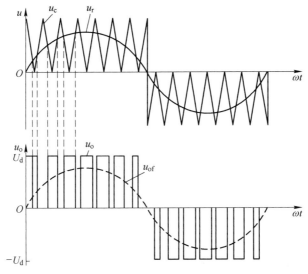

图 6-16 双极性 PWM 控制方式波形

双极性 PWM 控制的输出 u_o 波形，如图 6-16 所示，它为两个方向变化等幅不等宽的脉冲列。这种控制方式特点是：

1）同一半桥上下 2 个桥臂晶体管的驱动信号极性恰好相反，处于互补工作方式；

2）电感性负载时，若 VT$_1$ 和 VT$_4$ 处于通态，给 VT$_1$ 和 VT$_4$ 以关断信号，则 VT$_1$ 和 VT$_4$ 立即关断，而给 VT$_2$ 和 VT$_3$ 以导通信号，由于电感性负载电流不能突变，电流减小感生的电动势使 VT$_2$ 和 VT$_3$ 不可能立即导通，而使二极管 VD$_2$ 和 VD$_3$ 导通续流，如果续流能维持到下一次 VT$_1$ 与 VT$_4$ 重新导通，负载电流方向始终没有变，则 VT$_2$ 和 VT$_3$ 始终未导通。只有在负载电流较小无法连续续流情况下，在负载电流下降至零，VD$_2$ 和 VD$_3$ 续流完毕，VT$_2$ 和 VT$_3$ 导通，负载电流才反向流过负载。但是不论是 VD$_2$、VD$_3$ 导通还是 VT$_2$、VT$_3$ 导通，u_o 均为 $-U_D$，从 VT$_2$、VT$_3$ 导通向 VT$_1$、VT$_4$ 切换情况也类似。

6.2.3 三相桥式 PWM 变频电路

电路如图 6-17 所示，本电路采用 GTR 作为电压型三相桥式逆变电路的自关断开关器件，负载为电感性。从电路结构上看，三相桥式 PWM 变频电路只能选用双极性控制方式，其工作原理如下。

三相调制信号 u_{rU}、u_{rV} 和 u_{rW} 为相位依次相差 120° 的正弦波，而三相载波信号是共用一个正负方向变化的三角形波 u_c。如图 6-18 所示，U、V 和 W 相自关断开关器件的控制方法相同，现以 U 相为例：在 $u_{rU} > u_c$ 的各区间，给上桥臂电力晶体管 VT$_1$ 以导通驱动信号，而给下桥臂 VT$_4$ 以关断信号，于是 U 相输出电压相对直流电源 U_D 中性点 N' 为 $u_{UN'} = U_D/2$。在 $u_{rU} < u_c$ 的各区间，给 VT$_1$ 以关断信号，VT$_4$ 为导通信号，输出电压 $u_{UN'} = -U_D/2$。图 6-18 所示的 u_{UN} 波型就是三相桥式 PWM 逆变电路，U 相输出的波形（相对 N' 点）。

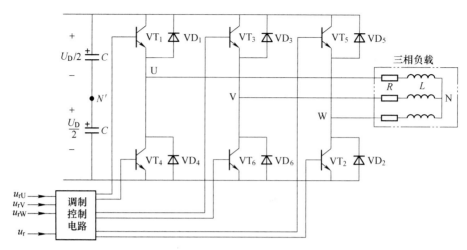

图 6-17　三相桥式 PWM 型逆变电路

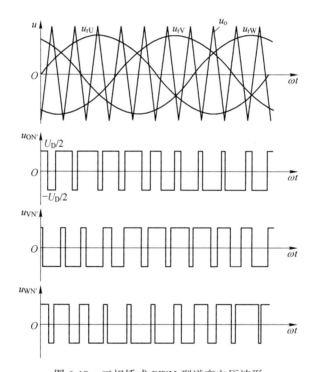

图 6-18　三相桥式 PWM 型逆变电压波形

　　电路图 6-17 中 $VD_1 \sim VD_6$ 二极管是为电感性负载换流过程提供续流回路，其他两相的控制原理与 U 相相同。三相桥式 PWM 变频电路的三相输出的 PWM 波形分别为 $u_{UN'}$、$u_{VN'}$和 $u_{WN'}$。U、V 和 W 三相之间的线电压 PWM 波形以及输出三相相对于负载中性点 N 的相电压 PWM 波形，读者可按下列计算式求得。

$$\text{线电压} \quad \begin{cases} u_{UV} = u_{UN'} - u_{VN'} \\ u_{VW} = u_{VN'} - u_{WN'} \\ u_{WU} = u_{WN'} - u_{UN'} \end{cases}$$

$$相电压\begin{cases} u_{UN} = u_{UN'} - \dfrac{1}{3}(u_{UN'} + u_{VN'} + u_{WN'}) \\[2mm] u_{VN} = u_{VN'} - \dfrac{1}{3}(u_{UN'} + u_{VN'} + u_{WN'}) \\[2mm] u_{WN} = u_{WN'} - \dfrac{1}{3}(u_{UN'} + u_{VN'} + u_{WN'}) \end{cases}$$

在双极性 PWM 控制方式中，理论上要求同一相上下两个桥臂的开关管驱动信号相反，但实际上，为了防止上下两个桥臂直通造成直流电源的短路，通常要求先施加关断信号，经过 Δt 的延时才给另一个施加导通信号。延时时间的长短主要由自关断功率开关器件的关断时间决定。这个延时将会给输出 PWM 波形带来偏离正弦波的不利影响，所以在保证安全可靠换流前提下，延时时间应尽可能取小。

知识拓展　变频器相关知识

1. 变频器的外形结构

变频器将频率固定的交流电变换成频率连续可调的三相交流电。根据功率的大小，从外形上看有盒式结构（0.75~37kW）和柜式结构（45~1500kW）两种，如图 6-19 所示。

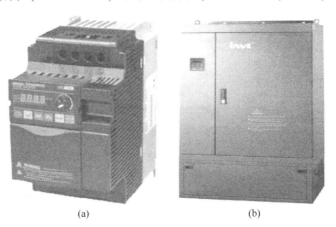

(a)　　　　　　　　　　　　(b)

图 6-19　变频器的外形图

（a）盒式结构变频器；（b）柜式结构变频器

变频器基本的外部接线图如图 6-20 所示。

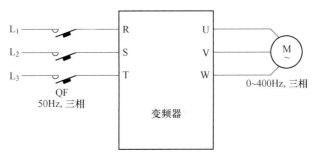

图 6-20　变频器基本的外部接线图

常见的变频器品牌如图 6-21 所示。

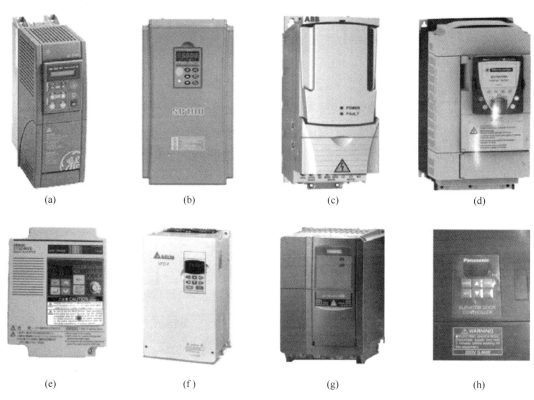

图 6-21　常见的各品牌变频器

（a）GE；（b）森兰；（c）ABB；（d）安川；（e）欧姆龙；（f）台达；（g）西门子；（h）松子

2. 变频器主电路段子

（1）主电路输入端子。

主电路输入端子符号为 R、S、T。使用输入端子时，接电时应注意交流电源的电压等级，但连接时可以无须考虑相序。同时，不要将三相变频器的输入端子连接至单相电源。图 6-22 所示为常见变频器的主电路输入、输出端子外形图。

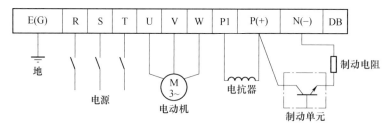

图 6-22　常见变频器的主电路输入、输出端子外形图

接输入端子的注意事项如下：

1）在主电路中，变频器最好通过一个交流接触器接至交流电源，以防止发生故障时扩大事故或损坏变频器。

2）不要用主电源开关的接通和断开来起动和停止变频器，应使用控制电路端子

FWD/REV 或控制面板上的 RUN/STOP 键来起动和停止变频器。

（2）主电路输出端子。

主电路输出端子符号为 U、V、W。使用注意事项如下。

1）为确保运行安全，变频器必须可靠接地。

2）输出端子不要连接至单相电源，不允许连接到电力电容器上。

接输出端子的注意事项如下：

1）变频器主电路的输出端子（U、V、W）要按正确相序连接至三相电动机。如果出现运行命令和电动机的旋转方向不一致时，可在 U、V、W 三相中任意更改两相接线，或将控制电路端子 FWD/REV 更换一下。

2）变频器主电路的输入端和输出端绝对不允许接错。

（3）接地端子。

接地端子必须单独可靠接地，接地电阻小于 1Ω，接地导线尽量粗，距离尽量短。变频器的接地方法如图 6-23 所示。

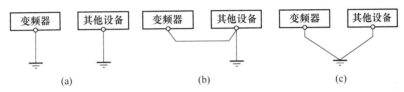

图 6-23　变频器的接地方法

（a）独立接地；（b）禁止使用方法；（c）公用接地

3. 变频器控制电路端子

变频器控制电路端子如图 6-24 所示，具体介绍如下：

（1）11、12、13：这三个端子接电位计进行频率的外部设定。

（2）V1：电压输入信号 0~10V，进行频率的外部给定。

（3）C1：电流输入信号 4~20mA，进行频率的外部给定。

（4）COM：公共端，它是所有开关量输入信号的参考点。

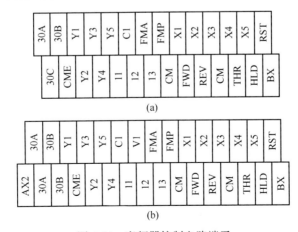

图 6-24　变频器控制电路端子

（a）20kW 以下；（b）30kW 以上

（5）FWD、REV：输入正反转操作命令。FWD-COM 闭合，正转命令；REV-COM 闭合，反转命令。

（6）THR：外部报警输入端。

（7）BX：自由停车命令。当 BX-COM 闭合时，电动机自由停车。

（8）X1、X2、X3、X4、X5：多挡转速控制的端子。

（9）30A、30B、30C：故障报警继电器输出端子。

操作提示：

（1）变频器出厂时，FWD-COM 已连接短路片。在面板操作方式下，通电后只要按动触摸面板上的 RUN 键，变频器即正转运行，按动 STOP 键即停止运行。

（2）变频器出厂时，外部报警输入端子 THR-COM 间已连接短路片，使用时应先卸下短路片，再与外部设备异常接点串接。

某型号变频器的铭牌如图 6-25 所示。

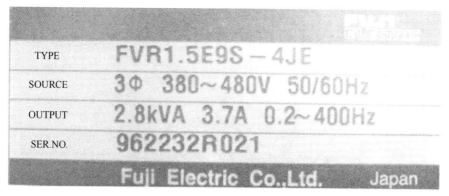

图 6-25　某型号变频器的铭牌

4. 变频器面板

变频器面板主要包括数据显示屏和键盘。主要功能有：显示频率、电流、电压等；设定操作模式、操作命令、功能码；读取变频器运行信息和故障报警信息；监视变频器运行状态；变频器运行参数的设置；故障报警状态的复位。变频器面板示意图如图 6-26 所示。

5. 变频器额定值和频率指标

（1）输入侧的额定值。

输入侧的额定值是指输入侧交流电源的相数和电压参数。

1）380V/（50~60Hz），三相，主要用于绝大多数变频器中。

2）230V/50Hz，两相，主要用于某些进口变频器中。

3）230V/50Hz，单相，主要用于家用小容量变频器中。

（2）输出侧的额定值。

1）输出电压最大值 U_N（V）。U_N 是指变频器输出电压中的最大值。在大多数情况下，U_N 就是输出频率等于电动机额定频率时的输出电压值。

2）输出电流最大值 I_N（A）。I_N 是指变频器允许长时间输出的最大电流，它是用户在选择变频器时的主要依据。

3）配用电动机容量 P_N（kW）。变频器规定的配用电动机容量，适用于长期连续负载

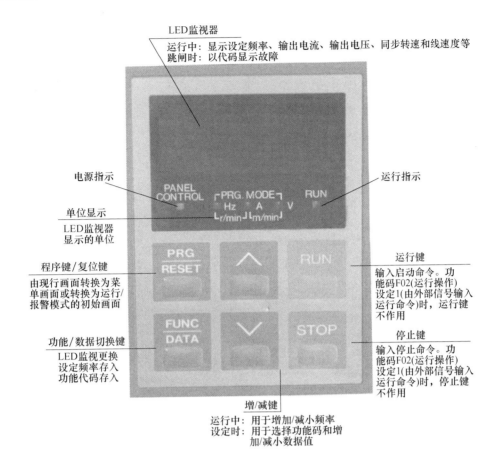

图 6-26　变频器面板示意图

运行。

4）过载能力。过载能力是指其输出电流超过额定电流的允许范围和时间，大多数变频器都规定为 $150\%I_{\mathrm{N}}$、60s 或 $180\%I_{\mathrm{N}}$、0.5s。

（3）频率指标。

1）频率范围。输出的最高频率 $f_{\max}$ 和最低频率 $f_{\min}$。通常最低工作频率为 0.1~1Hz；最高工作频率为 200~500Hz。

2）频率精度。频率精度指输出频率的准确度。

3）频率分辨率。频率分辨率指输出频率的最小改变量，即每相邻两挡频率之间的最小差值。

对于数字控制器的变频器，即使频率指令为模拟信号，输出频率也是有级给定。这个级差的最小单位就称为频率分辨率。频率分辨率值越小越好，其通常取值为 0.015~0.5Hz。例如，像造纸厂的纸张连续卷取控制，如果分辨率为 0.5Hz，4 极电机 1 个级差对应电动机的转速差就高达到 15r/min，结果使纸张卷取时张力不匀，容易造成纸张卷取"断头"现象。如果分辨率为 0.01Hz，4 极电机 1 个级差对应电动机的转速差仅为 0.3r/min，显然这样极小的转速差不会影响卷取工艺要求。

实 践 提 高

扫一扫查看
PWM 电路的连接与调试

实训　PWM 电路的连接与调试

1. 实训目的

（1）通过仿真实验熟悉 PWM 电路的电路构造及工作原理。

（2）根据仿真电路模型的实验结果观察电路的实际运行状态及输出波形。

2. 仿真步骤

（1）启动 MATLAB，进入 Simulink 后新建一个仿真模型的新文件。先搭建一个三角波与正弦波的比较电路，三角波的 TimeValues 设置为 ［0 1/2000 1/1000］ Output Values 设置为 ［0 1 0］，正弦波的频率设为 314，如图 6-27 所示。观察输出波形，如图 6-28 所示。

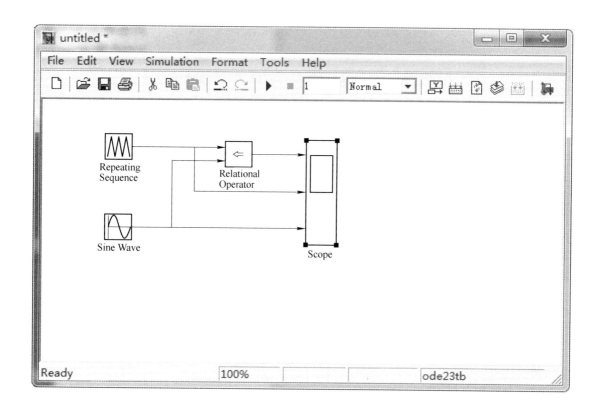

图 6-27　单极性 PWM 波比较电路

（2）搭建单相桥式 PWM 逆变电路，PWM 脉冲输出电路，如图 6-29 所示。时间为 0.04，注意第二个脉冲相位设置为 pi，进行仿真，如图 6-30 所示。

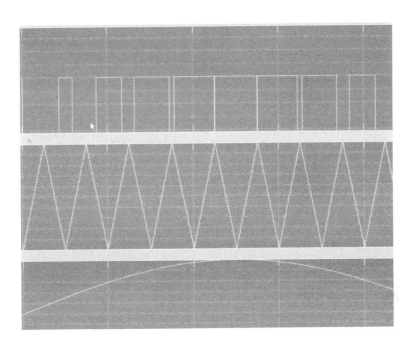

图 6-28 输出波形

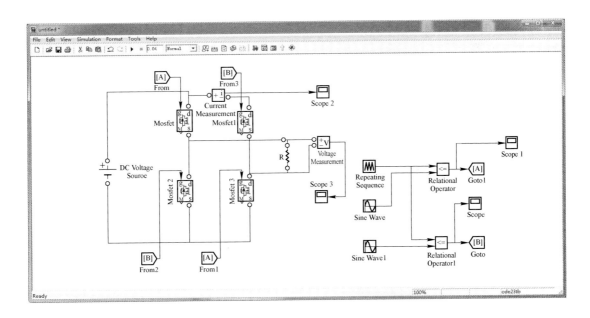

图 6-29 PWM 逆变电路

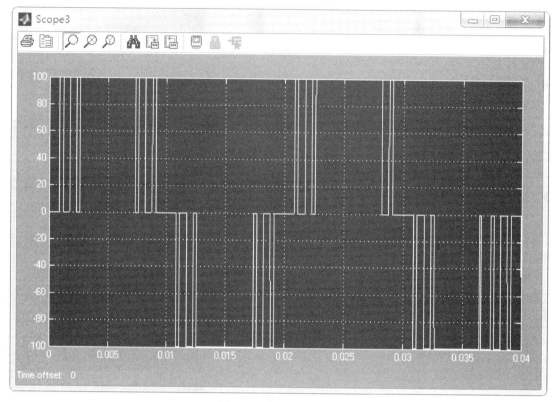

图 6-30　负载电压波形

巩固与提高

1. 请查资料，列举 5 种不同厂家的变频器。
2. 观察日常生活中使用变频器的场合，列举一个例子，简述其原理。
3. 变频调速在电动机运行方面的优势主要体现在哪些方面？
4. 交-直-交变频器主要由哪几部分组成，试简述各部分的作用。
5. 试说明 PWM 控制的基本原理。
6. 单极性和双极性 PWM 有什么区别？
7. 试说明 SPWM 的基本原理。

参 考 文 献

［1］王兆安，黄俊. 电力电子技术 ［M］. 4 版. 北京：机械工业出版社，2017.

［2］党智乾. 电力电子技术 ［M］. 北京：北京邮电大学出版社，2016.

［3］张智娟. 电力电子技术项目化教程 ［M］. 北京：机械工业出版社，2020.

［4］周渊深，宋永英. 电力电子技术 ［M］. 3 版. 北京：机械工业出版社，2016.

［5］龙志文. 电力电子技术 ［M］. 北京：机械工业出版社，2010.

［6］徐立娟. 电力电子技术 ［M］. 2 版. 北京：人民邮电出版社，2014.